ÁPIS DIVERTIDO

MATEMÁTICA

ESTE MATERIAL PODERÁ SER DESTACADO E USADO PARA AUXILIAR O ESTUDO DE ALGUNS ASSUNTOS VISTOS NO LIVRO.

NOME: ______________________ TURMA: __________

ESCOLA: ______________________

Dinheiro (página 24)

BANCO CENTRAL DO BRASIL
A A036754302
5
A A 036754302
CINCO REAIS

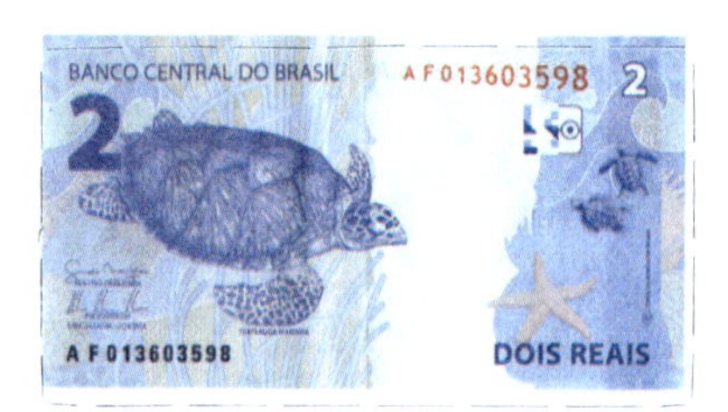
BANCO CENTRAL DO BRASIL
A F013603598
2
A F 013603598
DOIS REAIS

BANCO CENTRAL DO BRASIL
A A036754302
5
A A 036754302
CINCO REAIS

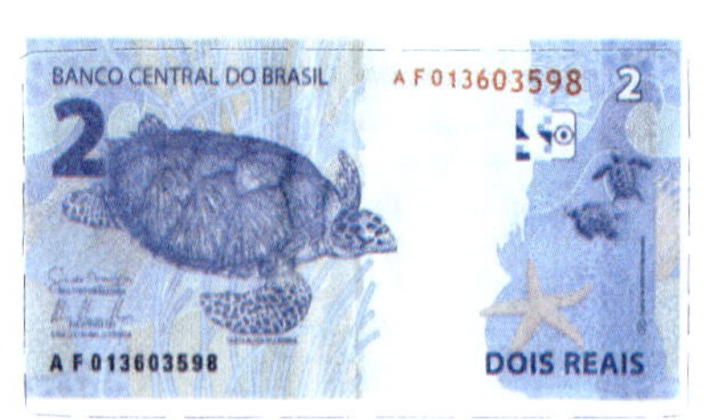
BANCO CENTRAL DO BRASIL
A F013603598
2
A F 013603598
DOIS REAIS

BANCO CENTRAL DO BRASIL
A A036754302
5
A A 036754302
CINCO REAIS

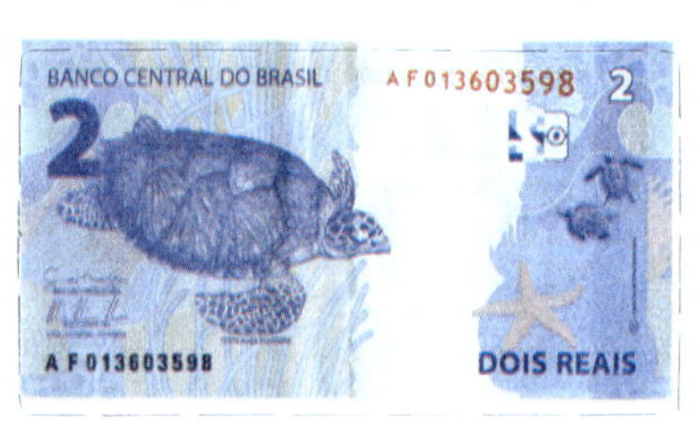
BANCO CENTRAL DO BRASIL
A F013603598
2
A F 013603598
DOIS REAIS

BANCO CENTRAL DO BRASIL
A A036754302
5
A A 036754302
CINCO REAIS

BANCO CENTRAL DO BRASIL
A F013603598
2
A F 013603598
DOIS REAIS

BANCO CENTRAL DO BRASIL
A A036754302
5
A A 036754302
CINCO REAIS

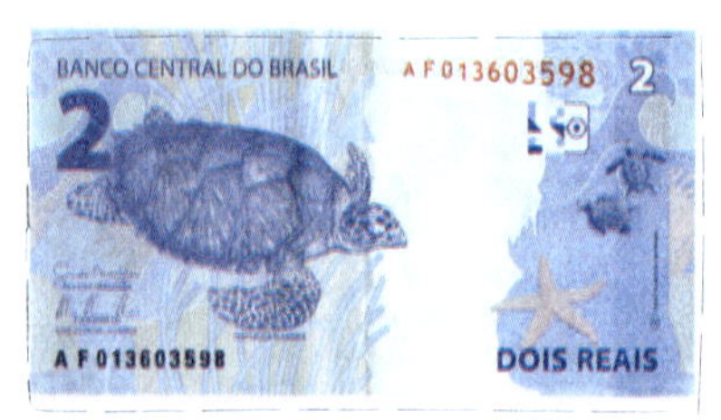
BANCO CENTRAL DO BRASIL
A F013603598
2
A F 013603598
DOIS REAIS

REPÚBLICA FEDERATIVA DO BRASIL
2
2
REAIS

REPÚBLICA FEDERATIVA DO BRASIL
5
5
REAIS

REPÚBLICA FEDERATIVA DO BRASIL
2
2
REAIS

REPÚBLICA FEDERATIVA DO BRASIL
5
5
REAIS

REPÚBLICA FEDERATIVA DO BRASIL
2
2
REAIS

REPÚBLICA FEDERATIVA DO BRASIL
5
5
REAIS

REPÚBLICA FEDERATIVA DO BRASIL
2
2
REAIS

REPÚBLICA FEDERATIVA DO BRASIL
5
5
REAIS

REPÚBLICA FEDERATIVA DO BRASIL
2
2
REAIS

REPÚBLICA FEDERATIVA DO BRASIL
5
5
REAIS

Reprodução/Casa da Moeda do Brasil/Ministério da Fazenda

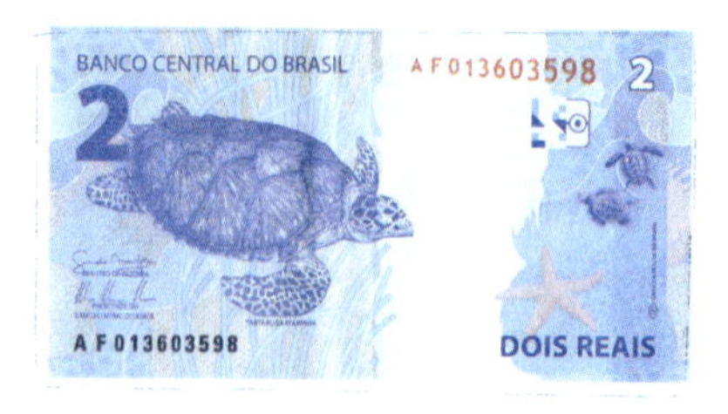

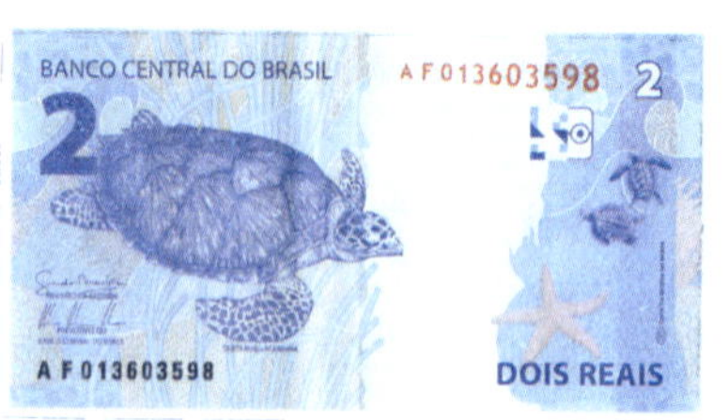

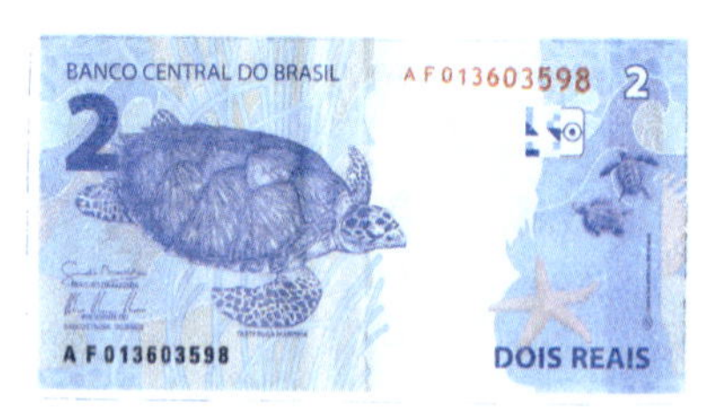

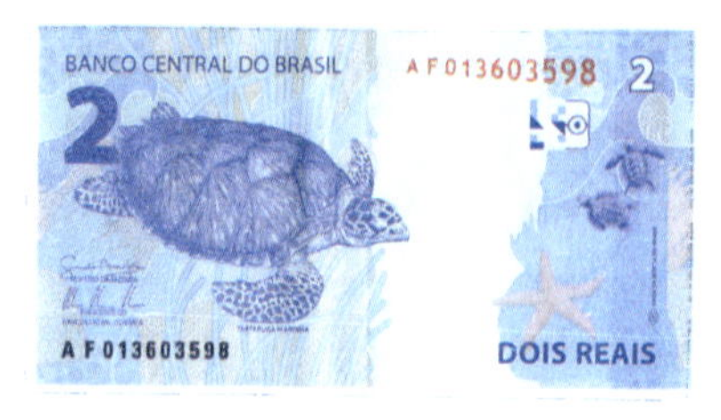

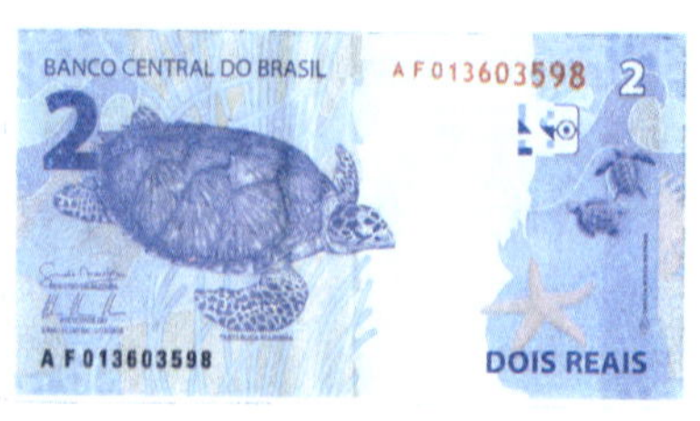

REPÚBLICA FEDERATIVA DO BRASIL
10
10 REAIS

REPÚBLICA FEDERATIVA DO BRASIL
20
20 REAIS

REPÚBLICA FEDERATIVA DO BRASIL
10
10 REAIS

REPÚBLICA FEDERATIVA DO BRASIL
20
20 REAIS

REPÚBLICA FEDERATIVA DO BRASIL
10
10 REAIS

REPÚBLICA FEDERATIVA DO BRASIL
20
20 REAIS

REPÚBLICA FEDERATIVA DO BRASIL
10
10 REAIS

REPÚBLICA FEDERATIVA DO BRASIL
20
20 REAIS

REPÚBLICA FEDERATIVA DO BRASIL
10
10 REAIS

REPÚBLICA FEDERATIVA DO BRASIL
20
20 REAIS

BANCO CENTRAL DO BRASIL
A E 015088398 20
20
A E 015088398
VINTE REAIS

BANCO CENTRAL DO BRASIL
A F 041679634 10
10
A F 041679634
DEZ REAIS

BANCO CENTRAL DO BRASIL
A E 015088398 20
20
A E 015088398
VINTE REAIS

BANCO CENTRAL DO BRASIL
A F 041679634 10
10
A F 041679634
DEZ REAIS

BANCO CENTRAL DO BRASIL
A E 015088398 20
20
A E 015088398
VINTE REAIS

BANCO CENTRAL DO BRASIL
A F 041679634 10
10
A F 041679634
DEZ REAIS

BANCO CENTRAL DO BRASIL
A E 015088398 20
20
A E 015088398
VINTE REAIS

BANCO CENTRAL DO BRASIL
A F 041679634 10
10
A F 041679634
DEZ REAIS

BANCO CENTRAL DO BRASIL
A E 015088398 20
20
A E 015088398
VINTE REAIS

BANCO CENTRAL DO BRASIL
A F 041679634 10
10
A F 041679634
DEZ REAIS

Reprodução/Casa da Moeda do Brasil/Ministério da Fazenda

REPÚBLICA FEDERATIVA DO BRASIL
50
50
REAIS

REPÚBLICA FEDERATIVA DO BRASIL
100
100
REAIS

REPÚBLICA FEDERATIVA DO BRASIL
50
50
REAIS

REPÚBLICA FEDERATIVA DO BRASIL
100
100
REAIS

REPÚBLICA FEDERATIVA DO BRASIL
50
50
REAIS

REPÚBLICA FEDERATIVA DO BRASIL
100
100
REAIS

REPÚBLICA FEDERATIVA DO BRASIL
50
50
REAIS

REPÚBLICA FEDERATIVA DO BRASIL
100
100
REAIS

REPÚBLICA FEDERATIVA DO BRASIL
50
50
REAIS

REPÚBLICA FEDERATIVA DO BRASIL
100
100
REAIS

BANCO CENTRAL DO BRASIL
C A 051246001 100
100
C A 051246001
CEM REAIS

BANCO CENTRAL DO BRASIL
C A 017267290 50
50
C A 017267290
CINQUENTA REAIS

BANCO CENTRAL DO BRASIL
C A 051246001 100
100
C A 051246001
CEM REAIS

BANCO CENTRAL DO BRASIL
C A 017267290 50
50
C A 017267290
CINQUENTA REAIS

BANCO CENTRAL DO BRASIL
C A 051246001 100
100
C A 051246001
CEM REAIS

BANCO CENTRAL DO BRASIL
C A 017267290 50
50
C A 017267290
CINQUENTA REAIS

BANCO CENTRAL DO BRASIL
C A 051246001 100
100
C A 051246001
CEM REAIS

BANCO CENTRAL DO BRASIL
C A 017267290 50
50
C A 017267290
CINQUENTA REAIS

BANCO CENTRAL DO BRASIL
C A 051246001 100
100
C A 051246001
CEM REAIS

BANCO CENTRAL DO BRASIL
C A 017267290 50
50
C A 017267290
CINQUENTA REAIS

REPÚBLICA FEDERATIVA DO BRASIL
50
50
REAIS

REPÚBLICA FEDERATIVA DO BRASIL
50
50
REAIS

REPÚBLICA FEDERATIVA DO BRASIL
50
50
REAIS

REPÚBLICA FEDERATIVA DO BRASIL
50
50
REAIS

REPÚBLICA FEDERATIVA DO BRASIL
50
50
REAIS

REPÚBLICA FEDERATIVA DO BRASIL
100
100
REAIS

BANCO CENTRAL DO BRASIL
C A051246001
100
100
C A051246001
CEM REAIS
BANCO CENTRAL DO BRASIL
C A051246001
100
100
C A051246001
CEM REAIS
BANCO CENTRAL DO BRASIL
C A051246001
100
100
C A051246001
CEM REAIS
BANCO CENTRAL DO BRASIL
C A051246001
100
100
C A051246001
CEM REAIS
BANCO CENTRAL DO BRASIL
C A051246001
100
100
C A051246001
CEM REAIS

BANCO CENTRAL DO BRASIL
C A017267290
50
50
C A017267290
CINQUENTA REAIS
BANCO CENTRAL DO BRASIL
C A017267290
50
50
C A017267290
CINQUENTA REAIS
BANCO CENTRAL DO BRASIL
C A017267290
50
50
C A017267290
CINQUENTA REAIS

BANCO CENTRAL DO BRASIL
C A017267290
50
50
C A017267290
CINQUENTA REAIS

BANCO CENTRAL DO BRASIL
C A017267290
50
50
C A017267290
CINQUENTA REAIS

Envelope para o nosso dinheiro (página 24)

Guarde aqui o nosso dinheiro e escreva seu nome.

Nome: ______________________________

Banco de imagens/Arquivo da editora

Dobre

Cole

Montado:

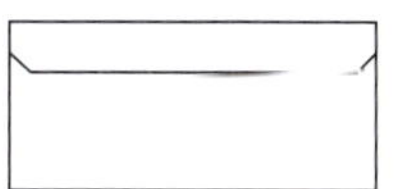

Cubo (página 56)

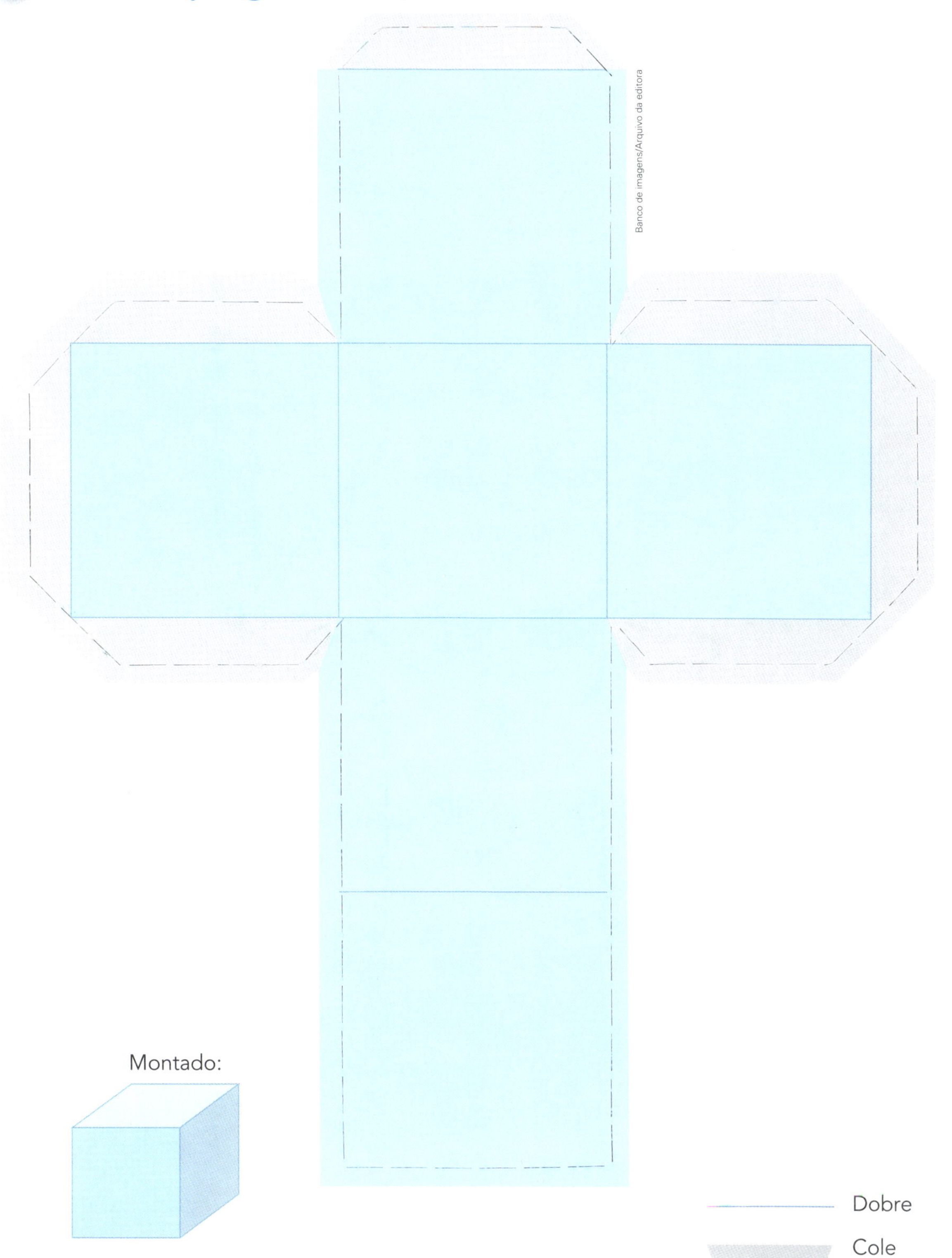

Paralelepípedo ou bloco retangular (página 56)

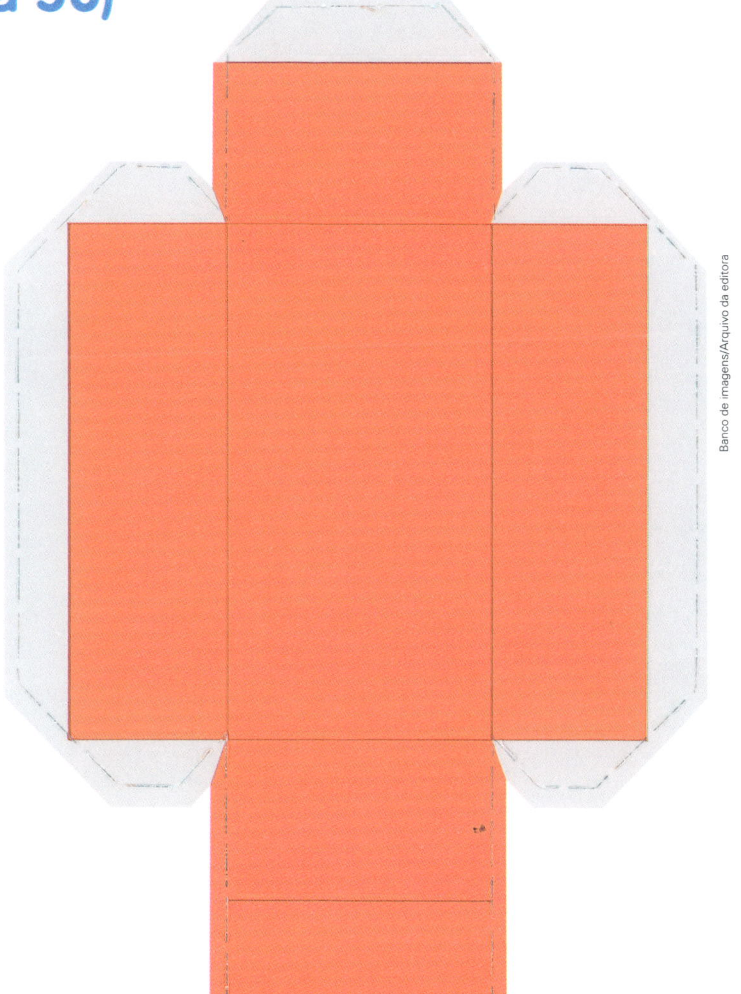

Banco de imagens/Arquivo da editora

Montado:

Dobre

Cole

Cilindro (página 56)

Cone (página 56)

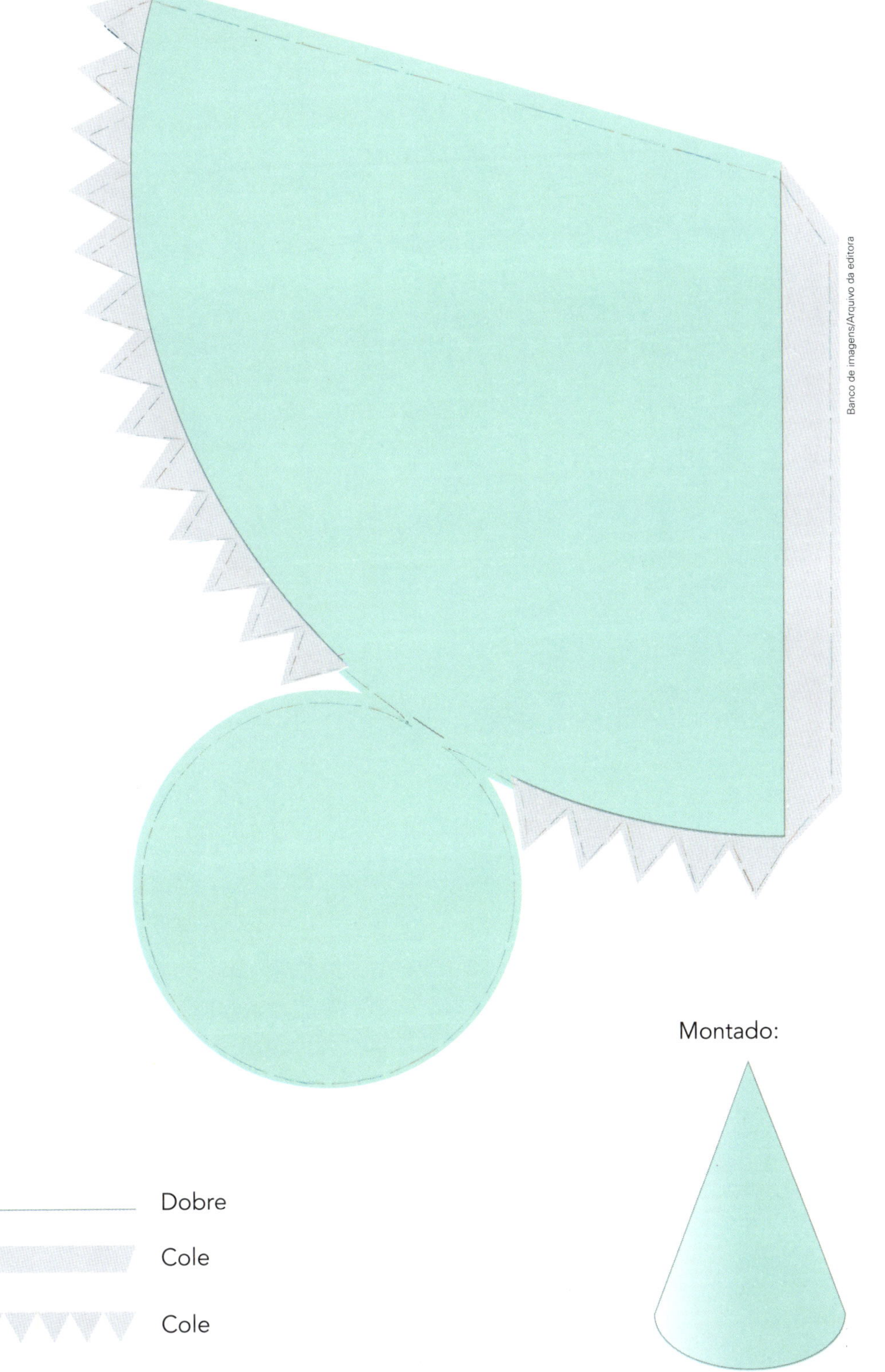

Prisma de base triangular (página 56)

Banco de imagens/Arquivo da editora

Prisma de base pentagonal (página 56)

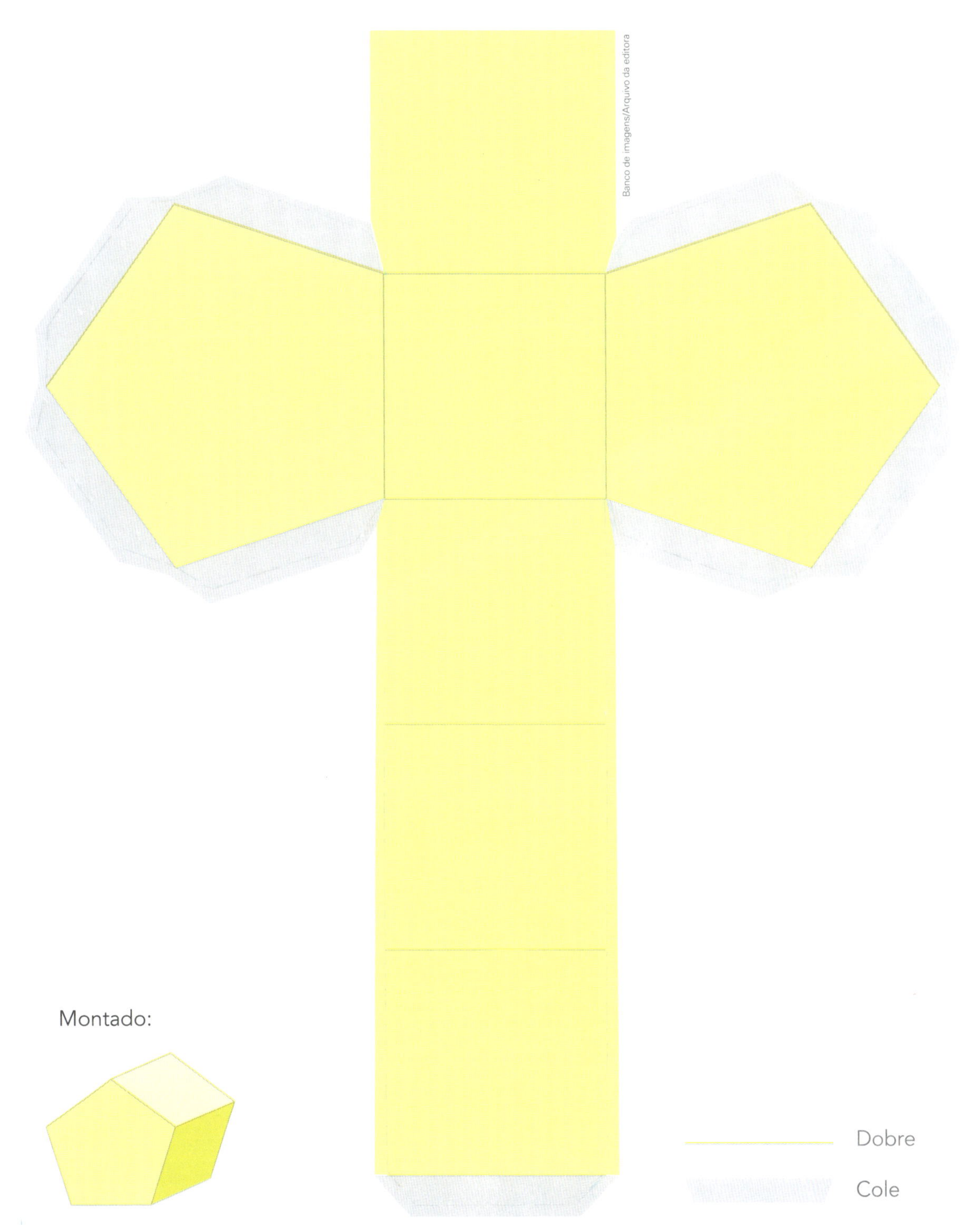

Pirâmide de base quadrada (página 56)

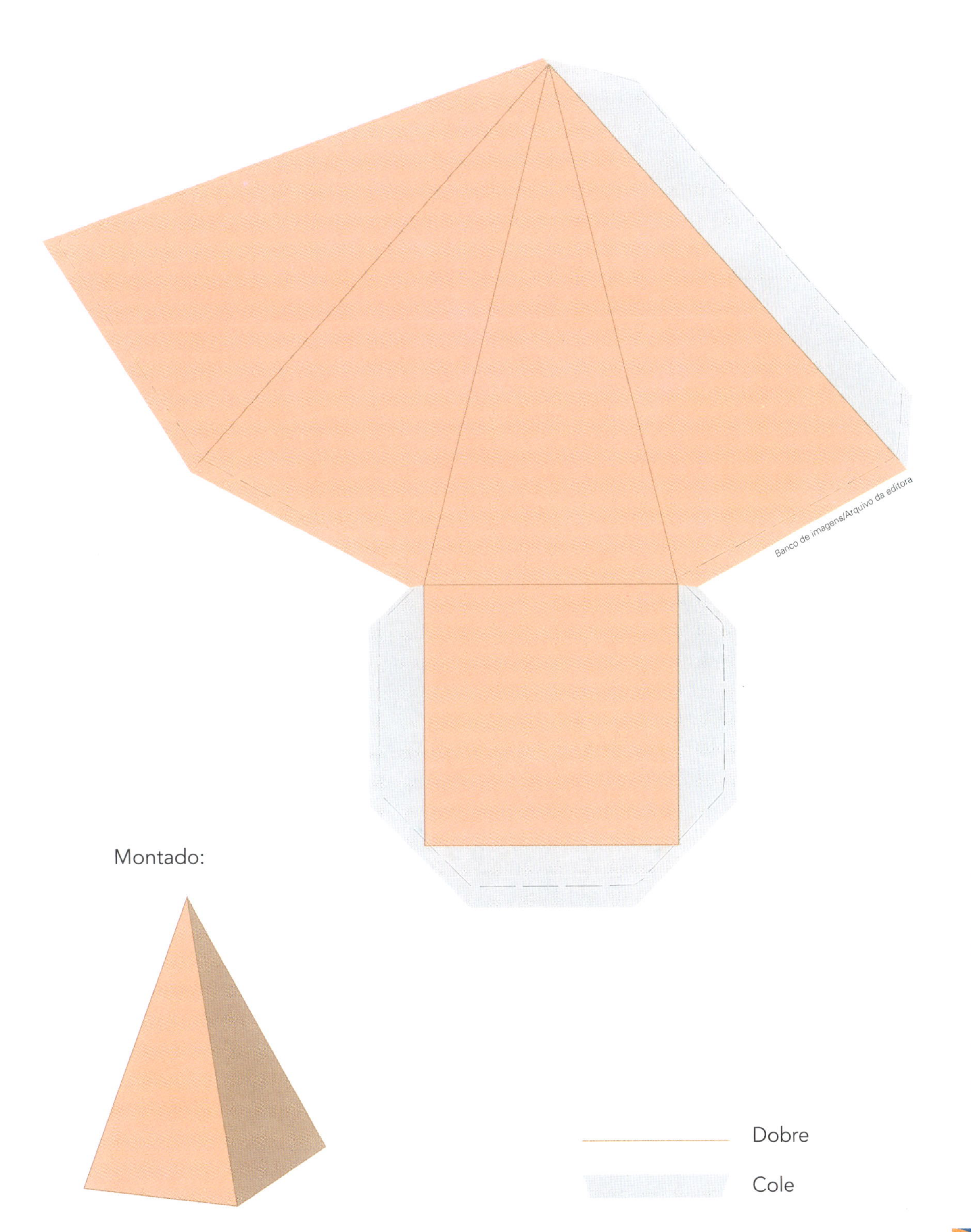

Pirâmide de base hexagonal (página 56)

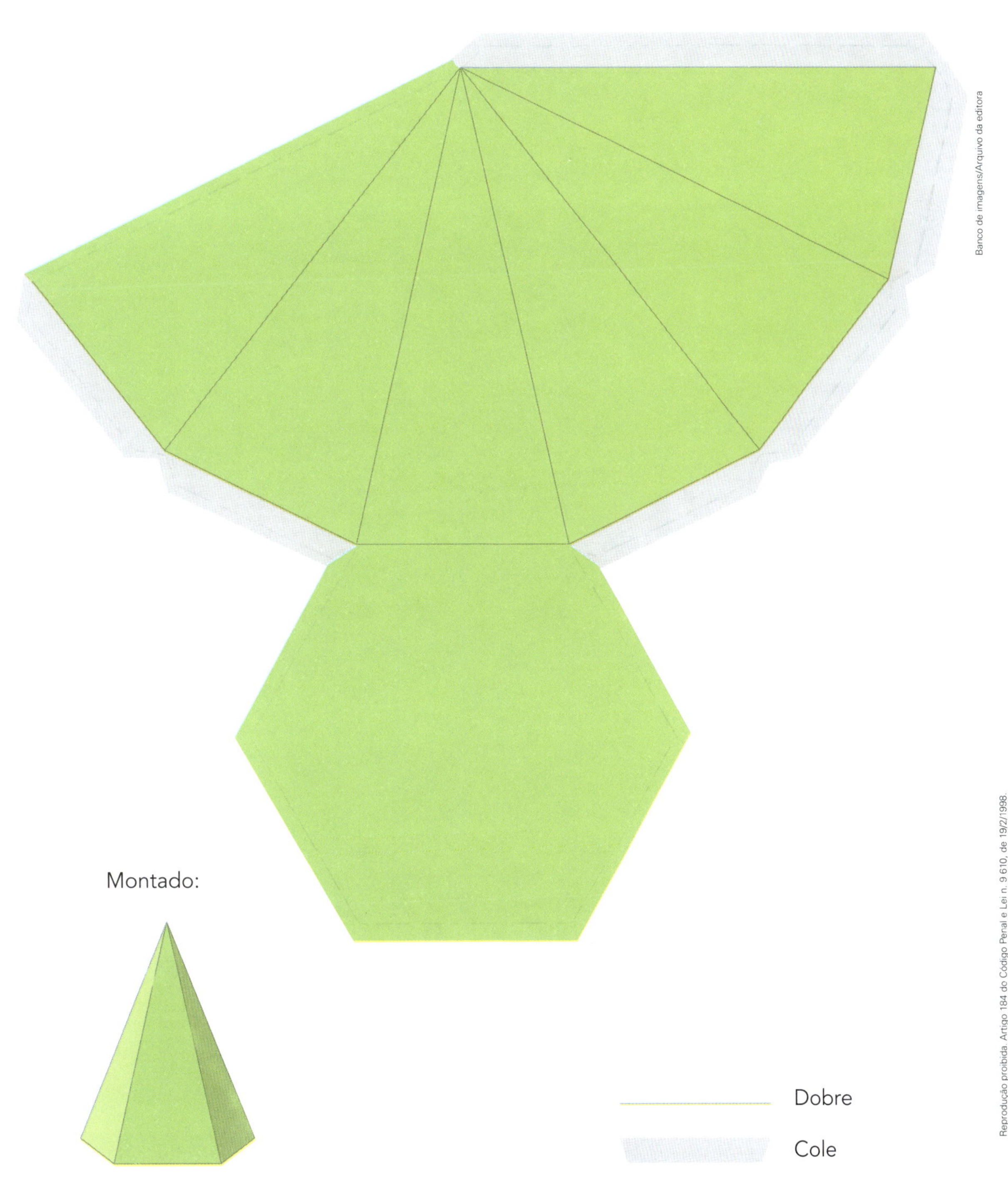

Banco de imagens/Arquivo da editora

Malha quadriculada (página 87)

Banco de imagens/Arquivo da editora

Relógio (página 108)

Banco de imagens/Arquivo da editora

Figuras para trabalhar as ideias de fração (página 271)

Banco de imagens/Arquivo da editora

Envelope para as figuras que trabalham as ideias de fração (página 271)

Guarde aqui as figuras que trabalham as ideias de fração e escreva seu nome.

Nome: ____________________

Banco de imagens/Arquivo da editora

Dobre

Cole

Montado:

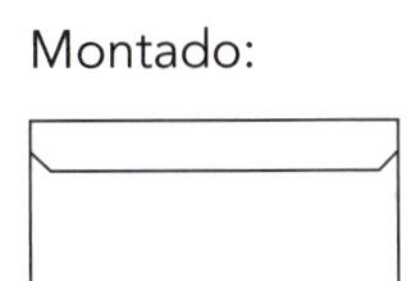

CADERNO DE ATIVIDADES

MATEMÁTICA

NOME: ______________________ TURMA: __________

ESCOLA: ______________________

Sumário

As atividades a seguir o ajudam a lembrar, compreender e fixar os vários assuntos estudados nas Unidades do livro.
Dicionário Online

Unidade 1

Sistemas de numeração

1 Complete a tabela, escrevendo os números nos diferentes sistemas de numeração.

Números representados nos diferentes sistemas de numeração

Número de	Nosso sistema de numeração	Sistema egípcio	Sistema maia	Sistema romano
dedos nas duas mãos				
estações do ano				
anões da Branca de Neve				
dias do mês de janeiro				
centavos em 1 real				

Tabela elaborada para fins didáticos.

2 Faça o que se pede em cada item.

a) Escreva o número 125 no sistema romano. ______________

b) Escreva o número 6 em numeração maia e em numeração egípcia. ______________________

c) Que horas marca o relógio ao lado?

Colin Cramm/Shutterstock

____

d) Escreva, no nosso sistema de numeração, o número representado ao lado. _______

Estúdio Mil/ Arquivo da editora

e) Dê exemplos da utilização do sistema de numeração romano ainda nos dias de hoje.

____

____

3 Veja algumas manchetes que Rubens leu no jornal.

Ilustrações: Banco de imagens/Arquivo da editora

Na tarde de ontem, o telefone **193** do Corpo de Bombeiros recebeu **173** chamadas.

Lentidão na descida da serra fez com que os carros gastassem cerca de **3** horas para percorrer **120** km na rodovia SP-**160**.

Na **1ª** rodada do campeonato foram marcados **18** gols.

O museu da cidade recebeu **3 500** visitantes no **2º** dia da exposição.

- Agora, indique como os números foram usados nas informações acima. Escreva **contagem**, **medida**, **código** ou **posição** (**ordem**) em cada um.

a) 193 → ____________

b) 173 → ____________

c) 3 → ____________

d) 120 → ____________

e) 160 → ____________

f) 1 → ____________

g) 18 → ____________

h) 3 500 → ____________

i) 2 → ____________

4 Quem ganhou o "jogo da comparação de números": Rogério ou Marcela? Vamos descobrir?

Os dois disputaram cinco rodadas, e o vencedor do jogo foi o que obteve vitórias em mais rodadas. Veja a descrição de uma rodada: cada um determina o número do seu cartão e os dois números são comparados, colocando-se entre eles os sinais de >, < ou =. Vence a rodada quem obtém o número maior. Determine os números, compare, registre os vencedores das rodadas e, no final, escreva o nome do ganhador do jogo.

Rodadas	Cartões de Rogério	Comparações			Cartões de Marcela	Vencedores das rodadas
1ª	300 + 40 + 5	☐	___	☐	Sucessor de 343	___
2ª	8 dezenas	☐	___	☐	5 centenas	___
3ª	Antecessor de 180	☐	___	☐	Menor número natural entre 181 e 191	___
4ª	740 − 2	☐	___	☐	735 + 2	___
5ª	Trezentos e noventa e sete	☐	___	☐	500 + 100 − 200	___
Ganhador do jogo: ___						

5 Vamos fazer correspondências. Para cada número no triângulo, há um número correspondente na circunferência.

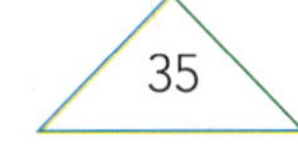

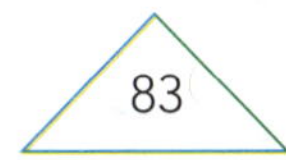

Ilustrações: Banco de imagens/Arquivo da editora

Forme os pares de acordo com o indicado.

a) Mesmo algarismo nas unidades:

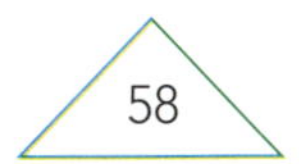

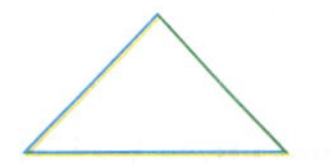

b) Mesmo algarismo nas dezenas:

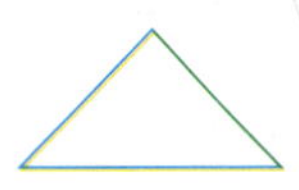

Saiba mais

Em 1958 o Brasil ganhou pela primeira vez a Copa do Mundo de futebol.

Nessa Copa foram disputados 35 jogos e marcados 126 gols.

Essa Copa foi disputada na Suécia, um país europeu, com medida de área de 449963 quilômetros quadrados.

Popperfoto/Getty Images

Jogo entre Brasil e Suécia na Copa do Mundo de 1958.

6 Dos 4 números que aparecem representados com algarismos no **Saiba mais**, responda:

a) Qual é o maior deles? ________ Qual é o seu sucessor? ________

b) Qual é o menor? ________ Qual é seu antecessor? ________

c) Quais são números pares? ________________________

d) Quais são números ímpares? ________________________

e) Escreva os números em ordem crescente. ________________________

f) Qual tem o 5 como algarismo das dezenas? ________

7 **COMPOSIÇÃO, DECOMPOSIÇÃO E LEITURA**

a) Faça a composição do número: 6000 + 400 + 80 + 2 = ________.

b) Faça a decomposição: 1307 = ________ + ________ + ________.

c) Escreva a leitura de 2631: ________________________.

d) Mais uma composição: 7000 + 9 = ________.

e) Mais uma decomposição: 3318 = ________________________.

f) Mais uma leitura: 5200 → ________________________.

8 Considere o número 27 391 e responda.

a) Quantas ordens ele tem? ________

b) Qual é o algarismo de 5ª ordem? ________

Qual é seu valor posicional? ________

c) Qual é a ordem do algarismo 9? ________

d) Como é a decomposição do número 27 391?

________ = ________

e) Como é a leitura do número 27 391?

____

f) 27 391 é número par ou número ímpar? ________

9 Escreva o número correspondente em cada item.

a) 300 000 + 70 000 + 1 000 + 500 + 9 → ________

b) Duzentos e dezoito mil → ________

c) Duzentos mil e dezoito → ________

d) O sucessor de 735 119 → ________

e) O antecessor de 600 000 → ________

f) 200 000 + 40 000 + 3 000 + 700 + 5 → ________

10 Complete para que o resultado seja sempre 1 milhão.

a) 800 000 + ________ = 1 000 000

b) 2 × ________ = 1 000 000

c) 999 996 + ________ = 1 000 000

d) 10 × ________ = 1 000 000

e) 999 990 + ________ = 1 000 000

f) 1 000 001 − ________ = 1 000 000

11 Considere os seguintes algarismos:

3 4 7 6 1

a) Qual é o maior número par que se pode formar usando todos os algarismos uma só vez? ________

b) Como se lê esse número?

____

12 Escreva os números usando algarismos.

a) Seis milhões, quinhentos e oitenta e um mil, duzentos e quarenta e seis

____

b) Novecentos e oitenta e sete mil, seiscentos e cinquenta e quatro ________

c) Nove milhões, duzentos e trinta e cinco mil e dezoito ________

d) Agora, responda.

- Qual deles é o maior? ________

  Qual é seu algarismo das centenas de milhar? ________

- Qual é o menor? ________

  Quantas ordens ele tem? ________

- Qual deles tem o 2 como algarismo das centenas? ________

  Nesse número, qual é a ordem do algarismo 8? ________________

13 Escreva o número e depois faça seu arredondamento para a ordem exata indicada mais próxima.

a) Quatro milhões, duzentos e dezoito mil e vinte e três: ________.

Arredondamento para a dezena de milhar mais próxima: ________.

b) Doze milhões e vinte e nove mil: ________.

Arredondamento para a dezena de milhão mais próxima: ________.

14 Responda utilizando o sistema romano de numeração.

a) Qual é a metade de VIII? ________

b) Qual é o dobro de III? ________

c) XV é número par ou ímpar? ______________

d) Que números podemos escrever usando só os símbolos V e X, uma ou mais vezes? Coloque-os em ordem crescente.

________, ________, ________, ________, ________, ________ e ________

15 Lauro mora na capital de um estado do Brasil e é torcedor de um time de futebol de sua cidade. Siga as instruções abaixo para descobrir qual é o time de Lauro. Com isso você vai poder descobrir também a cidade e o estado onde ele mora.

1ª) Descubra e escreva o número de identificação dos três times abaixo.

Reprodução/Clube Atlético Mineiro

Atlético Mineiro → 3 centenas, mais 8 dezenas, mais 4 unidades: ________.

Reprodução/Clube Atlético Paranaense

Atlético Paranaense → 300 + 80 + 5: ________.

Reprodução/Atlético Clube Goianiense

Atlético Goianiense → Quatrocentos e oitenta e cinco: ________.

2ª) Siga e complete o diagrama. O número de chegada é o número de identificação do time de Lauro.

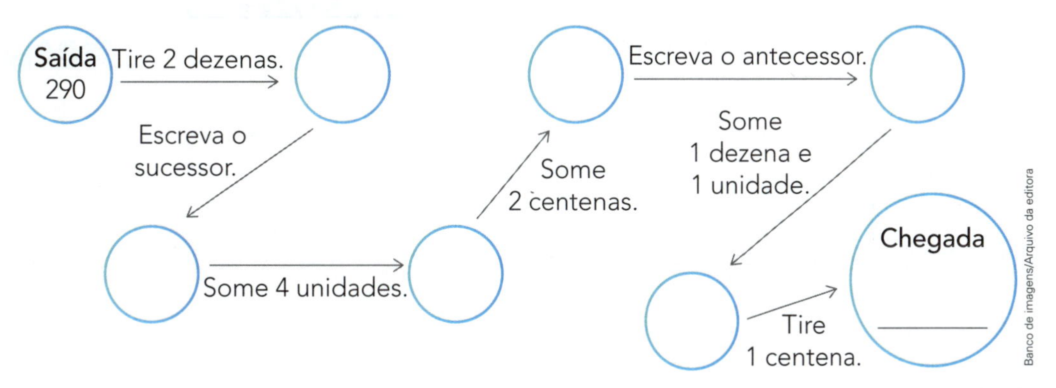

Banco de imagens/Arquivo da editora

3ª) Complete o quadro.

Time	Estado	Cidade

16 Quatro amigas (Alice, Bruna, Carol e Dora) se encontravam na mesma fila para comprar os ingressos do cinema, mas cada uma em um lugar diferente.

- Bruna era a primeira da fila, e Dora, a última.
- Alice estava entre Bruna e Carol.
- Havia o mesmo número de pessoas entre Alice e Bruna, entre Alice e Carol e entre Carol e Dora.
- Havia 9 pessoas entre Bruna e Carol.

a) Escreva os nomes Alice, Carol e Dora nos pontos assinalados com • na figura abaixo, como está feito com Bruna.

Banco de imagens/Arquivo da editora

b) Agora, coloque bolinhas para indicar as demais pessoas da fila e responda: Quantas pessoas havia na fila? ______________

c) Quantas pessoas havia atrás de Bruna? ______________

E entre Bruna e Dora? ______________

17 Mariano digitou o número 705 em uma calculadora. Quando virou a calculadora de cabeça para baixo teve uma surpresa: apareceu escrita a palavra SOL. Veja ao lado.
Faça uma estimativa e registre.
Depois, use uma calculadora e confira.

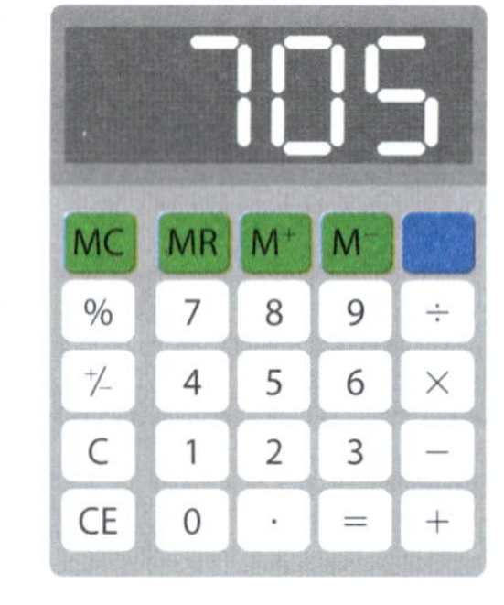

Aleksandr Bryliaev/Shutterstock

a) Quando digitamos o número 50 735 e viramos a calculadora, aparece escrita a palavra: ______________.

b) Quando digitamos 108 aparece a palavra: ______________.

c) Quando digitamos o número __________ e viramos a calculadora, aparece escrita a palavra LOBOS.

d) Quando digitamos o número __________ e viramos a calculadora, aparece a palavra LISOS.

Geometria

1 SIM OU NÃO

Observe os 2 sólidos geométricos em cada item e responda às questões com **sim** ou **não**.

Ilustrações: Banco de imagens/Arquivo da editora

a)

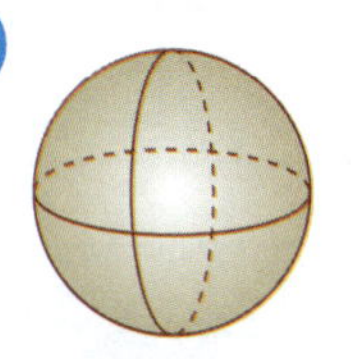
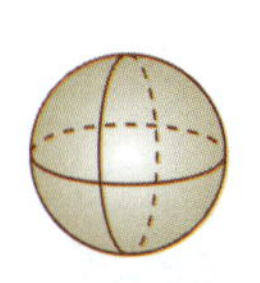

- Os dois são esferas? _______
- Os dois rolam? _______
- Os dois são do mesmo tamanho? _______

b)

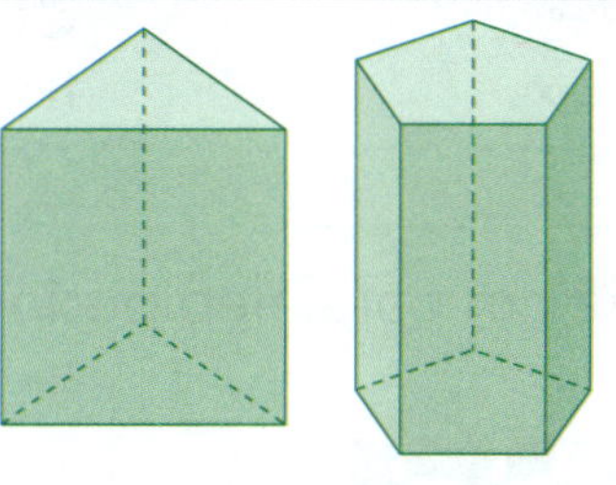

- Os dois são cubos? _______
- Algum deles rola? _______
- Os dois têm o mesmo número de faces? _______

c)

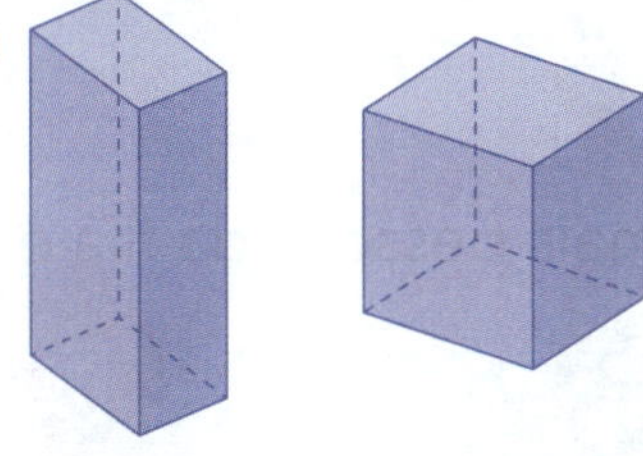

- Os dois são prismas? _______
- O verde tem 10 vértices? _______
- O azul tem 10 vértices? _______

d)

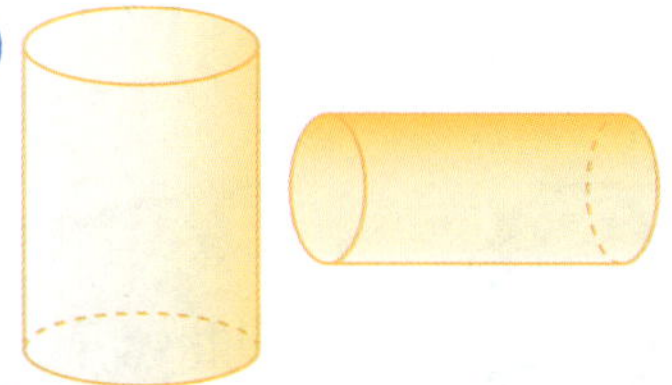

- Os dois são cilindros? _______
- Cada um tem duas faces circulares? _______
- Existe cilindro com uma só face circular? _______

e)

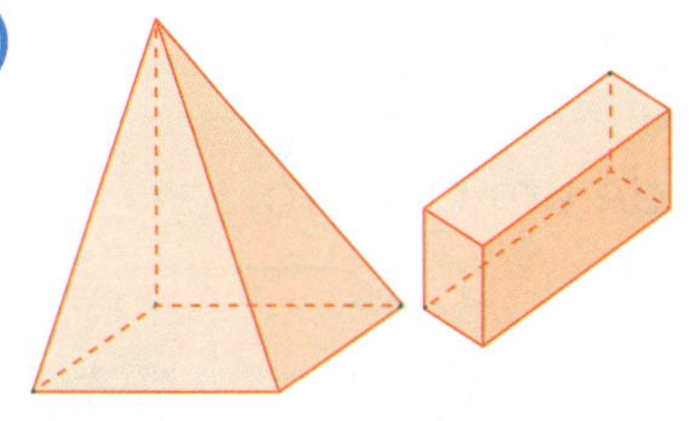

- Os dois são pirâmides? _______
- Um deles é pirâmide? _______
- O outro é paralelepípedo? _______

f)

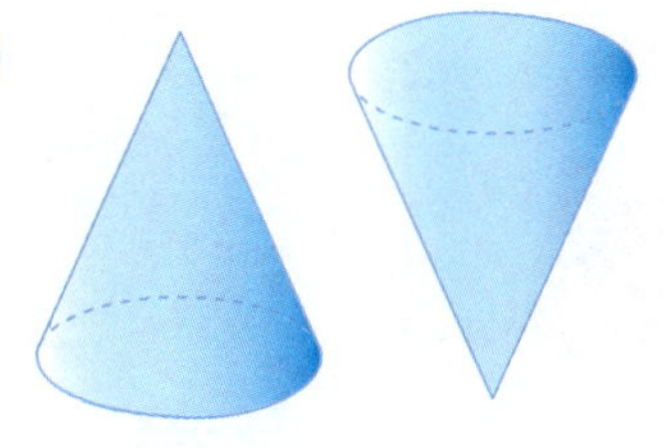

- Os dois são cones? _______
- Os dois rolam? _______
- Os dois têm uma face plana? _______

2 Assinale com um **X** o que está citado em cada quadro.

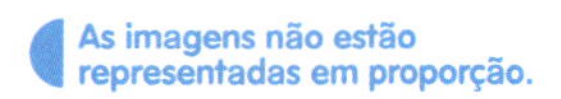

Objeto com a forma parecida com a de um cubo.

Fruta que não tem a forma parecida com a da esfera.

Construção que tem a forma parecida com a de um paralelepípedo (bloco retangular).

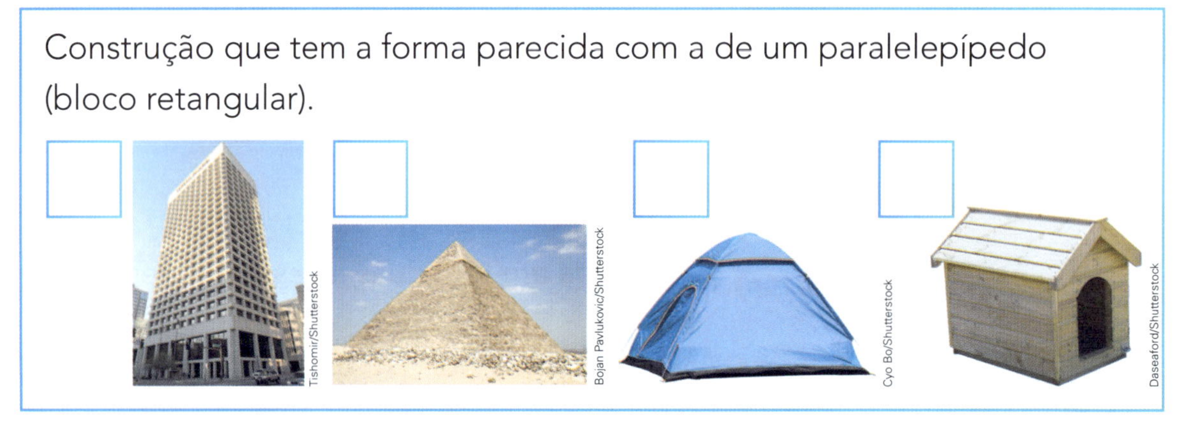

Objeto que não tem a forma parecida com a de um cilindro.

3 PRISMAS E PIRÂMIDES

Ligue cada quadro ao sólido geométrico correspondente.

Ilustrações: Banco de imagens/Arquivo da editora

Prisma de base pentagonal
Pirâmide de base pentagonal
Pirâmide de base triangular
Prisma de base triangular
Não é prisma e não é pirâmide
Prisma de base hexagonal
Pirâmide de base hexagonal

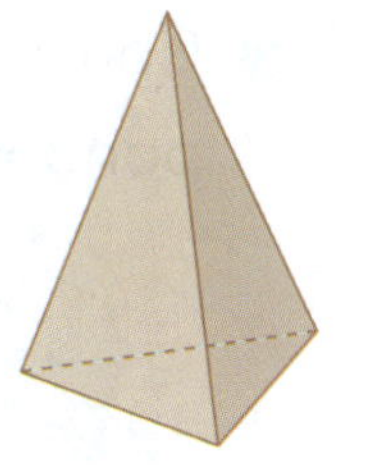
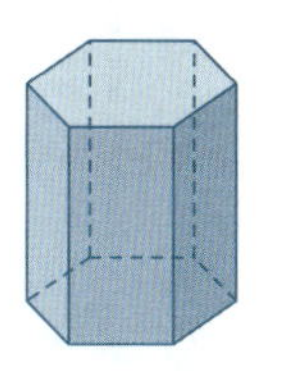
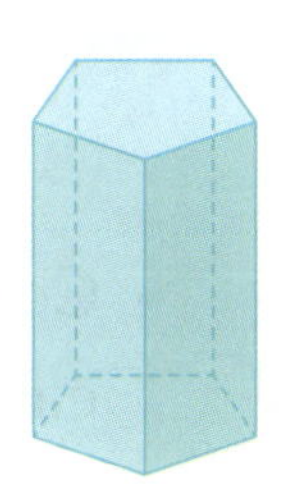
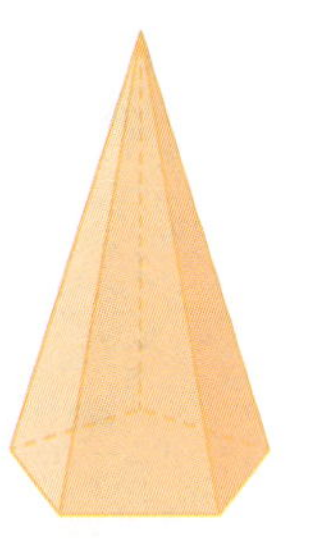

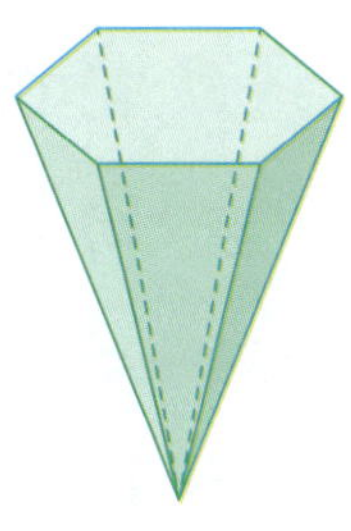
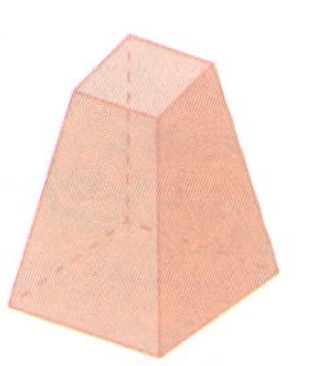

4 Considere os sólidos geométricos desenhados abaixo com as letras correspondentes.

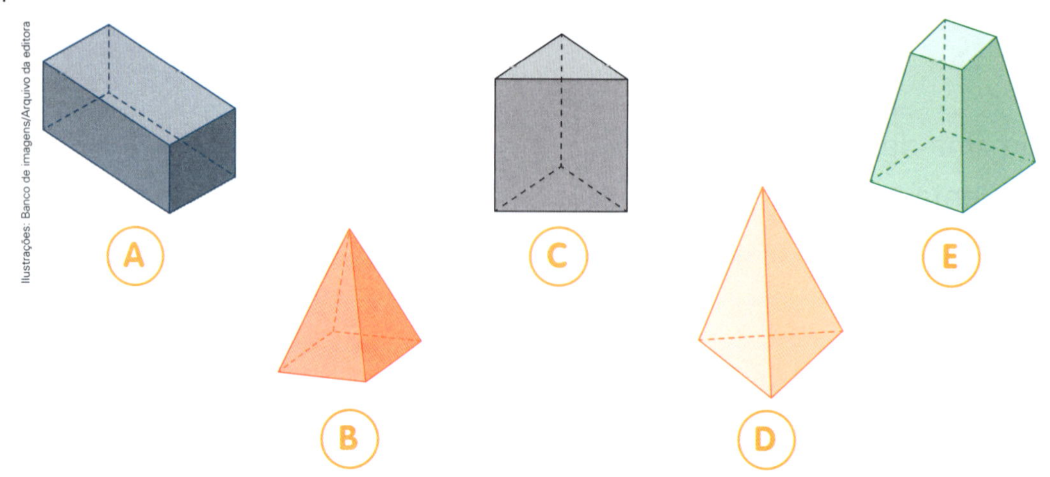

- Complete a tabela com o número de vértices, de faces e de arestas de cada um.

Sólidos geométricos

	Número de vértices	Número de faces	Número de arestas
A			
B			
C			
D			
E			

Tabela elaborada para fins didáticos.

- Agora, complete as afirmações com as letras dos sólidos geométricos correspondentes.

a) Os sólidos ________ e ________ têm o mesmo número de arestas.

b) O sólido ________ tem 6 vértices, e o sólido ________ tem 6 arestas.

c) O sólido ________ é o que tem o menor número de faces.

d) A soma do número de vértices com o número de faces é igual a 10 no sólido ____________.

e) O número de arestas do sólido ________ é 1 a mais do que o número de arestas do sólido ________.

5 Em todo dado, a soma dos pontos de duas faces opostas é 7.
No dado que Regina ganhou, as faces opostas têm cores iguais.
Pinte e marque os pontos nas faces indicadas no desenho do dado de Regina.

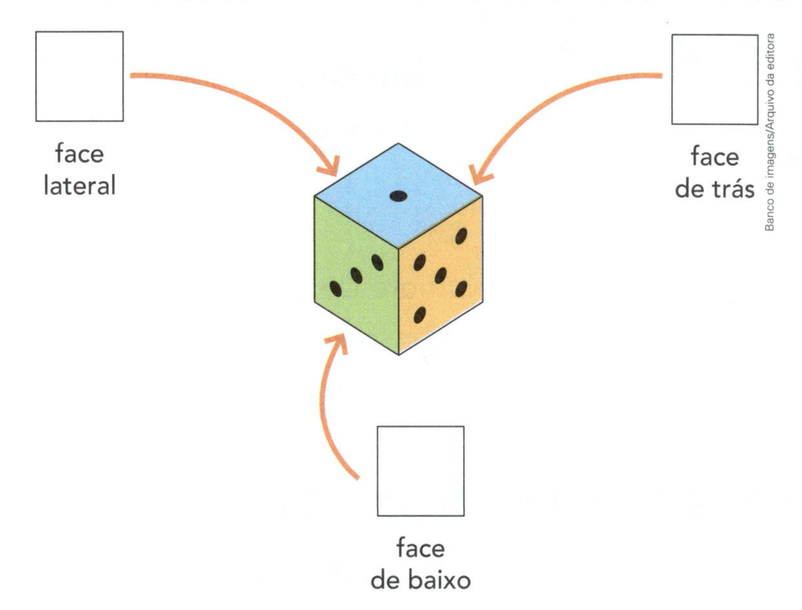

Banco de imagens/Arquivo da editora

6 André montou uma pirâmide de base quadrada.
Depois, usou 2 cores e pintou a base de 1 cor e todas as faces triangulares com a outra cor.
Assinale o desenho que pode ser o da pirâmide que André montou.

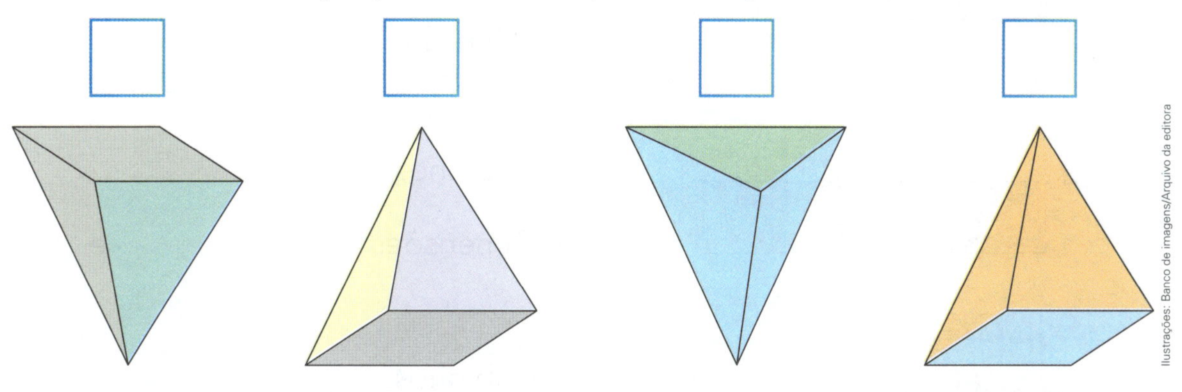

Ilustrações: Banco de imagens/Arquivo da editora

7 Veja o desenho de um reservatório de água com a forma de um paralelepípedo e com as dimensões dadas em metros.
Indique as medidas das seguintes arestas:

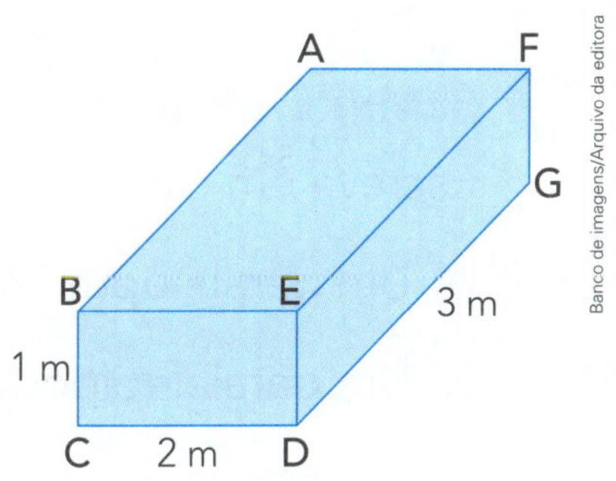

Banco de imagens/Arquivo da editora

a) de **A** a **F** → ________

b) de **E** a **F** → ________

c) de **A** a **B** → ________

d) de **F** a **G** → ________

8 Rosana resolveu construir blocos retangulares e cubos usando cubinhos do material dourado, como o indicado ao lado.

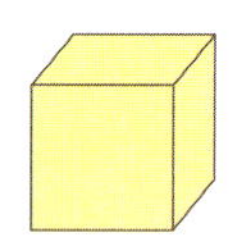

Veja 2 construções que ela fez e como ela registrou cada uma.

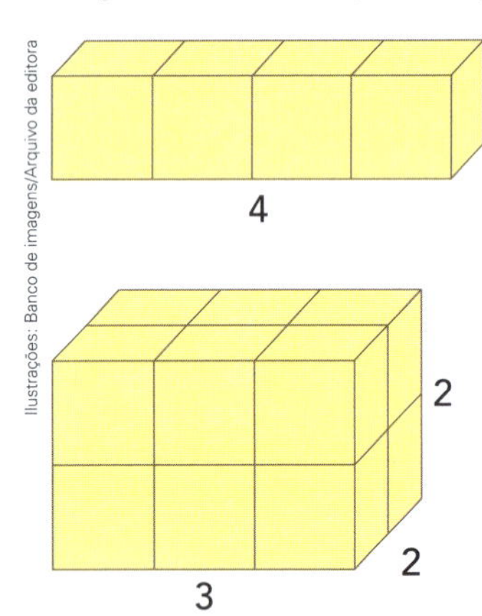

Ilustrações: Banco de imagens/Arquivo da editora

Número de cubinhos: 4
Dimensões: 1, 1 e 4

Número de cubinhos: 12
Dimensões: 2, 2 e 3

Faça agora o registro de mais estas construções.

a)

Cubinhos: ______.

Dimensões: ______, ______ e ______.

b)

Cubinhos: ______.

Dimensões: ______, ______ e ______.

c)

Cubinhos: ______.

Dimensões: ______, ______ e ______.

d)

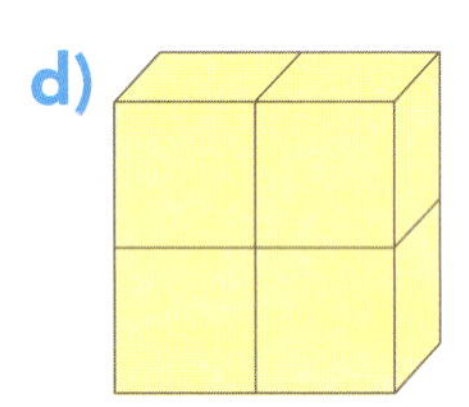

Cubinhos: ______.

Dimensões: ______, ______ e ______.

9 **SEMPRE, NUNCA OU ÀS VEZES SIM, ÀS VEZES NÃO**

Escreva em cada item a expressão acima correspondente.

a) Um paralelogramo tem os lados paralelos 2 a 2. ______________________

b) Um paralelepípedo tem 6 faces quadradas. ______________________

c) Um trapézio tem 5 lados. ______________________

10 Observe o sólido geométrico desenhado ao lado e escreva seu nome.

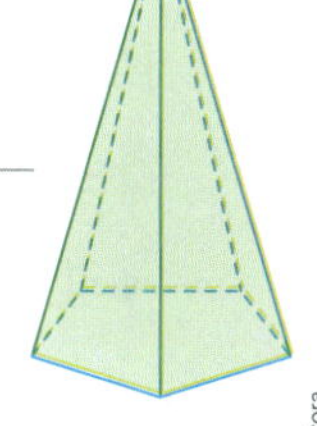

____

- Agora, assinale as regiões planas que aparecem nesse sólido geométrico.

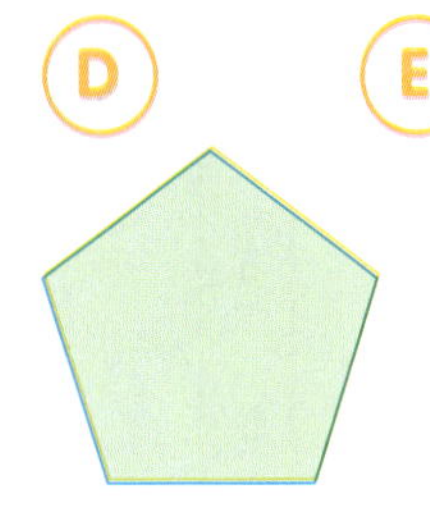

A B C D E

Ilustrações: Banco de imagens/Arquivo da editora

- Finalmente, escreva o nome de cada região plana acima de acordo com sua forma.

A: ____.

B: ____.

C: ____.

D: ____.

E: ____.

11 André desenhou e agora está pintando esta faixa decorativa.

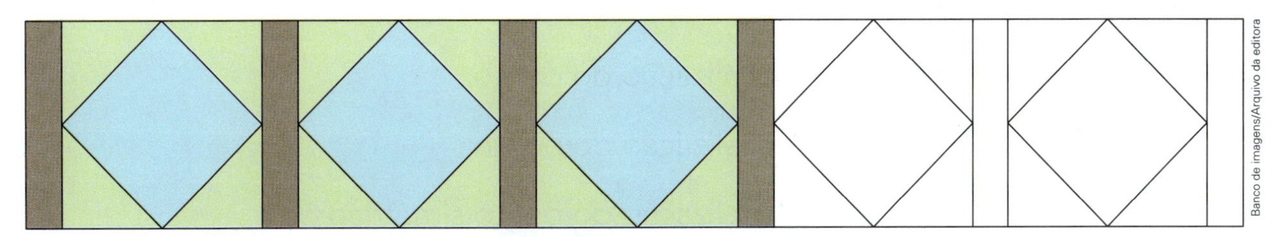

Banco de imagens/Arquivo da editora

- Escreva a cor das regiões planas:

a) quadradas: ____________________.

b) triangulares: ____________________.

c) retangulares: ____________________.

- Termine de pintar a faixa decorativa mantendo as cores indicadas no item anterior.

12 LOCALIZAÇÃO EM UMA REGIÃO PLANA

Pedro está desenhando uma figura simétrica na malha quadriculada. Ele já desenhou e pintou a parte que fica à esquerda do eixo de simetria.

- Desenhe o restante da figura e pinte de verde.

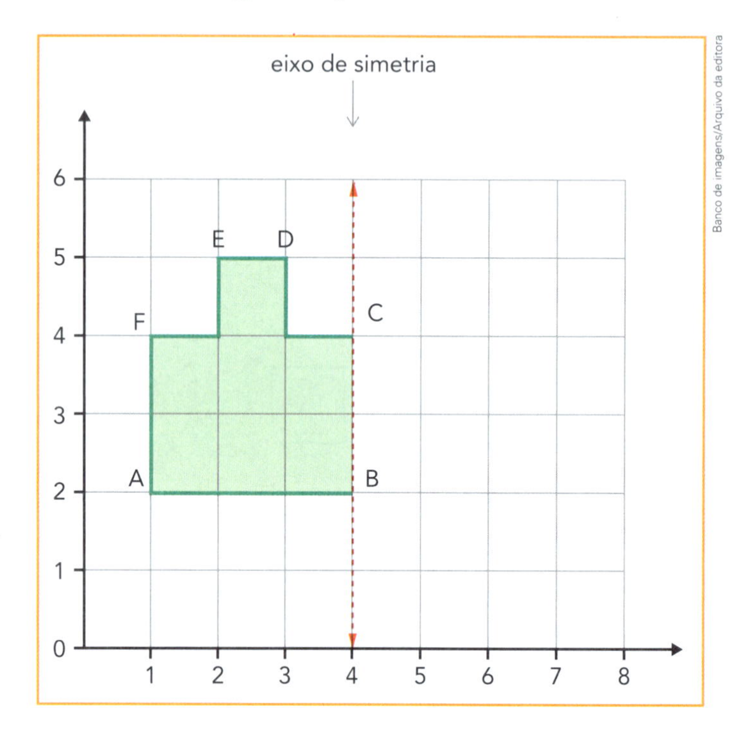

- A localização do ponto **A** é coluna 1, linha 2. A localização do ponto simétrico de **A** é coluna 7, linha 2.
  Complete os espaços abaixo.

  a) Ponto **E**: coluna _________, linha _________.

  b) Ponto simétrico de **E**: coluna _________, linha _________.

  c) Coluna 1, linha 4 é a localização do ponto _________.

  d) Coluna 4, linha 2 é a localização do ponto _________.

  e) Coluna 7, linha 4 é a localização do ponto simétrico de _________.

  f) Ponto **D**: coluna _________, linha _________.

  g) Ponto simétrico de **D**: coluna _________, linha _________.

- Considere um lado do quadriculado como unidade (____). Calcule e registre a medida do perímetro da figura desenhada (medida do comprimento da volta toda).

____

13 ESTIMATIVA

Observe, no item **b**, a figura que tem uma região triangular e vários eixos de simetria (em vermelho).

a) Faça uma estimativa e assinale qual será a posição da região triangular no último quadro.

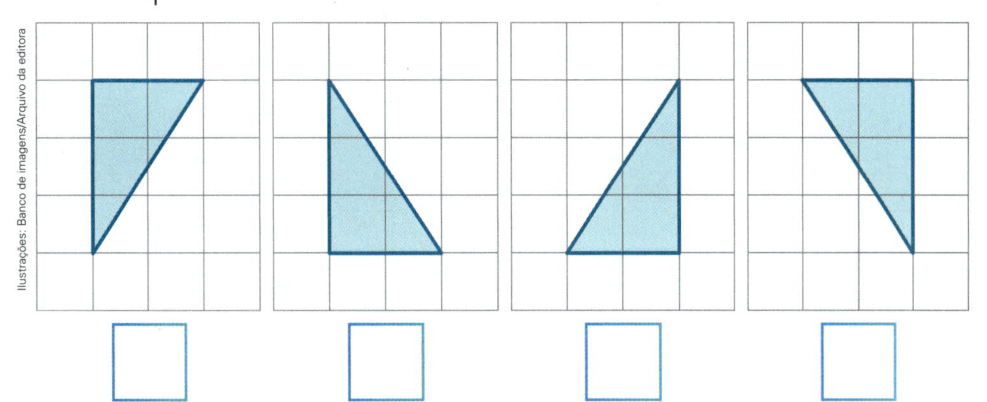

b) Agora determine os simétricos um a um até chegar ao quadro final.

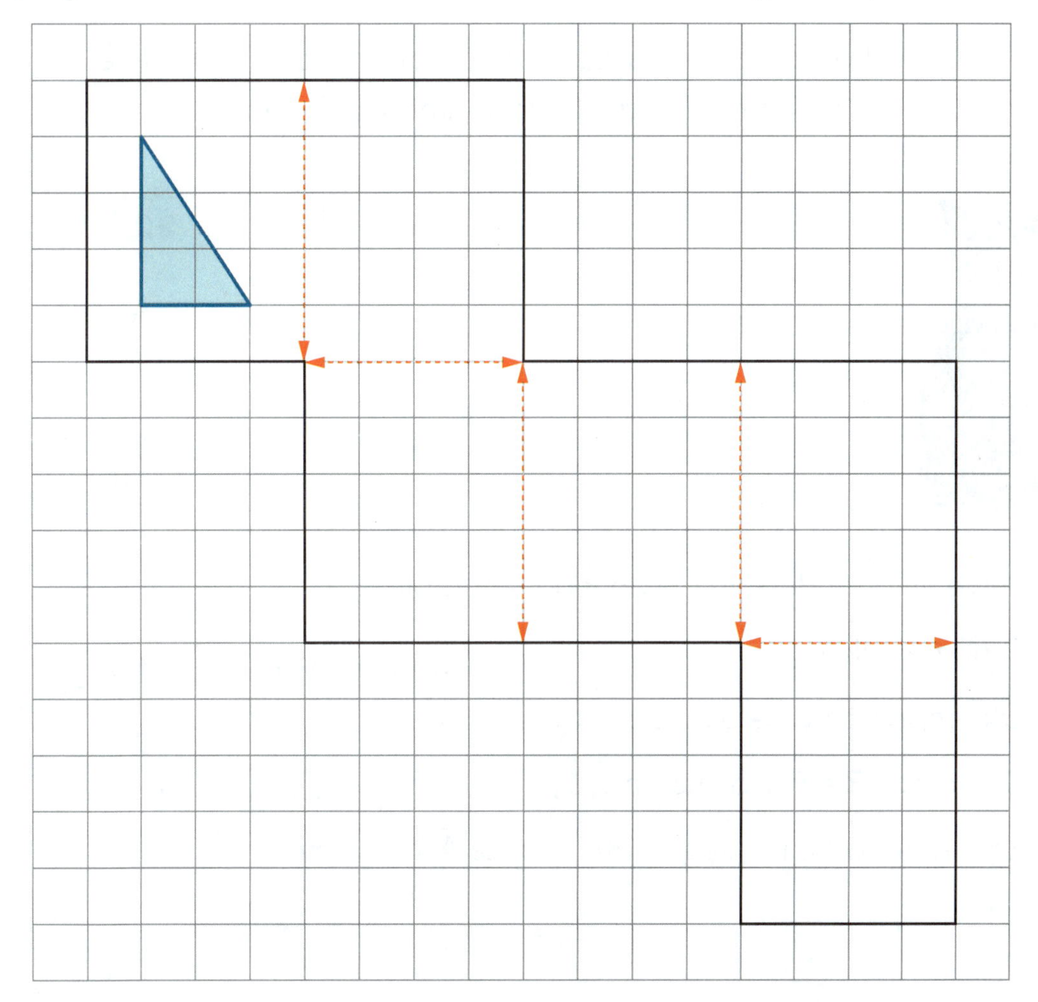

c) Sua estimativa foi boa? ______________________________

14 Complete os contornos das regiões planas desenhadas abaixo. Depois escreva o nome de cada contorno obtido.

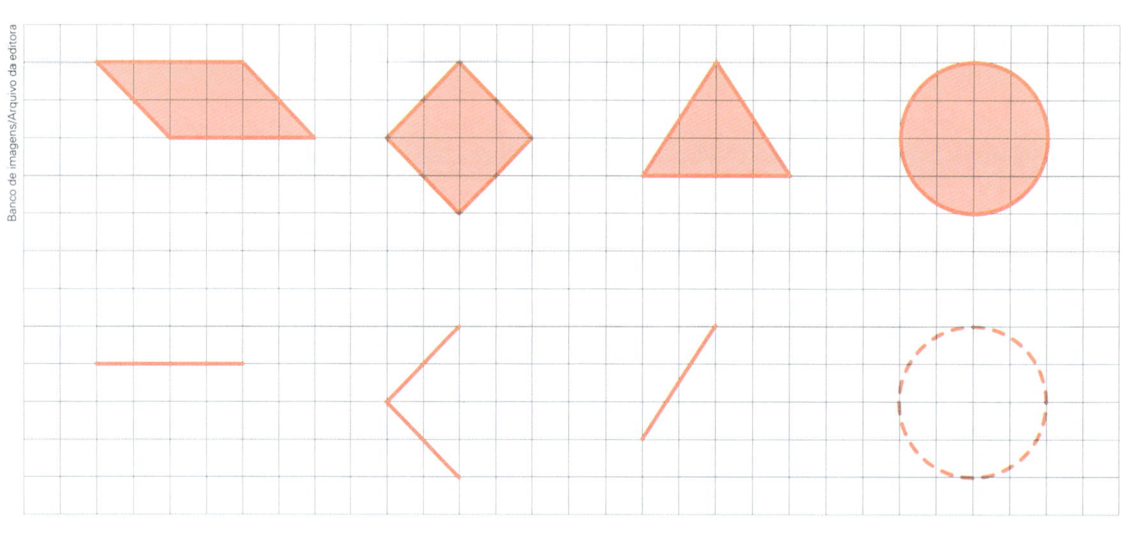

Banco de imagens/Arquivo da editora

______ ______ ______ ______

15 Trace 2 caminhos que levem o gatinho ao pote de leite, um azul e um verde. Mas atenção: o verde deve indicar um segmento de reta.

Eric Isselee/Shutterstock

As imagens não estão representadas em proporção.

S-F/Shutterstock

16 Observe a figura desenhada ao lado e complete.

R

P

Banco de imagens/Arquivo da editora

a) O nome dela é ______.

b) O comprimento dela mede ______ cm.

c) Os pontos **R** e **P** são chamados ______.

- Agora, desenhe um segmento de reta $\overline{AB}$ de 3 cm.

17 PROCURAR E ASSINALAR

a) O contorno que é um polígono.

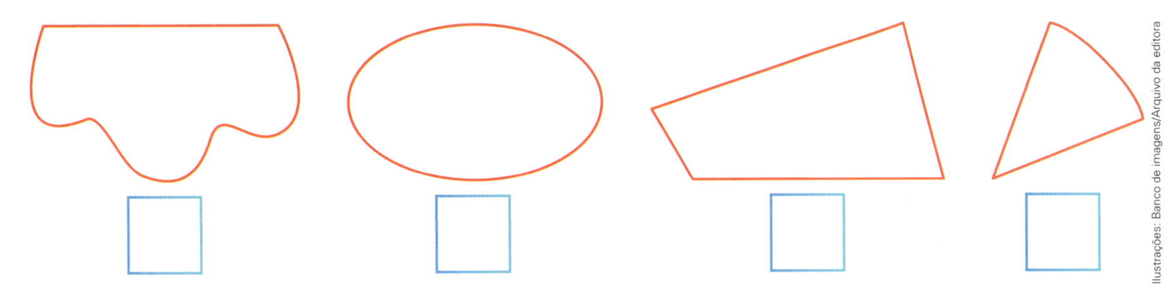

b) O polígono que pode ser chamado de pentágono.

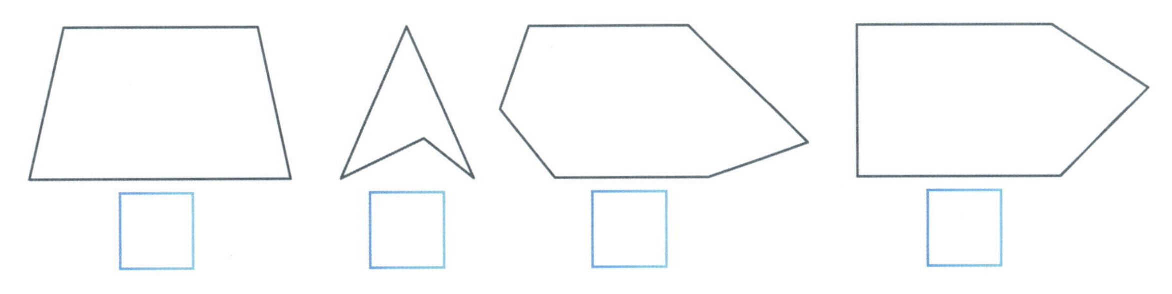

c) O polígono que não é um quadrilátero.

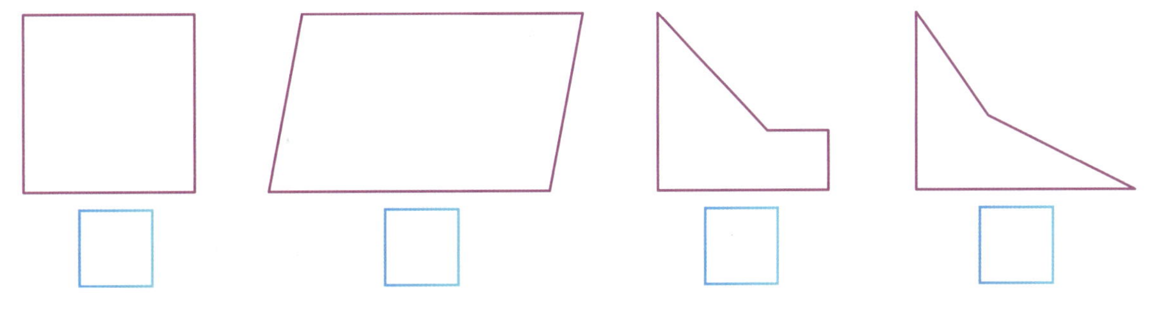

d) A região plana que é uma região poligonal.

e) O triângulo que não apresenta simetria.

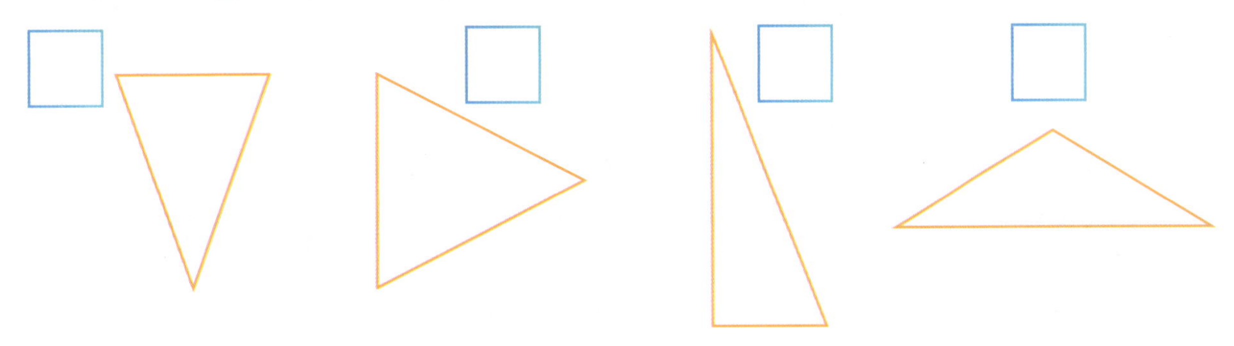

Ilustrações: Banco de imagens/Arquivo da editora

18 Usando uma régua, desenhe os polígonos conforme as descrições a seguir.

a) 1 polígono com 3 lados.

c) 1 pentágono.

b) 1 polígono com lados iguais e 4 vértices.

d) 1 polígono com 6 vértices.

19 Observe os canteiros da horta de Paulo, vistos de cima. Depois, complete com as letras que indicam os canteiros.

A B C D

Ilustrações: Banco de imagens/Arquivo da editora

- Os canteiros _______ e _______ têm formas diferentes e tamanhos iguais.
- Os canteiros _______ e _______ têm formas iguais e tamanhos diferentes.
- Os canteiros _______ e _______ têm formas e tamanhos iguais.

Unidade 3

Massa, capacidade, intervalo de tempo e temperatura

As imagens não estão representadas em proporção.

1 Complete cada frase com a unidade de medida mais conveniente e indique a grandeza correspondente.

a) Alice comprou 2 ________________ de fita para embrulhar a caixa de presente.

Grandeza: ____________________________.

Ecco/Shutterstock

Caixa de presente.

b) O período diário de Marcos na escola é de 4 ________________.

Grandeza: ____________________________.

c) O terreno que o pai de Antônio comprou tem medida de área de 60 ____________________________.

Grandeza: ____________________________.

d) Paula foi ao supermercado e comprou 4 ________________ de carne para o churrasco.

Grandeza: ____________________________.

Gregory Gerber/Shutterstock

Espetos de churrasco.

e) A embalagem de suco que Sílvia comprou contém 1 ________________.

Grandeza: ____________________________.

Polryaz/Shutterstock

Embalagem de suco.

2 Na atividade anterior, qual foi a unidade de medida de massa citada?

____

- Escreva uma frase que envolva outra unidade de medida de massa, de forma adequada.

____

3 Indique o símbolo correspondente a cada unidade de medida de massa.

quilograma	grama	tonelada	miligrama

4 Complete com os valores correspondentes.

a) 1 kg = _______ g

b) 1 t = _______ kg

c) 1 g = _______ mg

d) 1 t = _______ g

- Agora, use as igualdades acima e complete.

a) 1 kg e 200 g = _______ g

b) 3 t = _______ kg

c) meio kg = _______ g

d) 2 toneladas e meia = _______ kg

e) 7 000 kg = 7 _______

f) 4 000 mg = _______ g

5 Veja os "pesos" destas 3 embalagens de fubá.

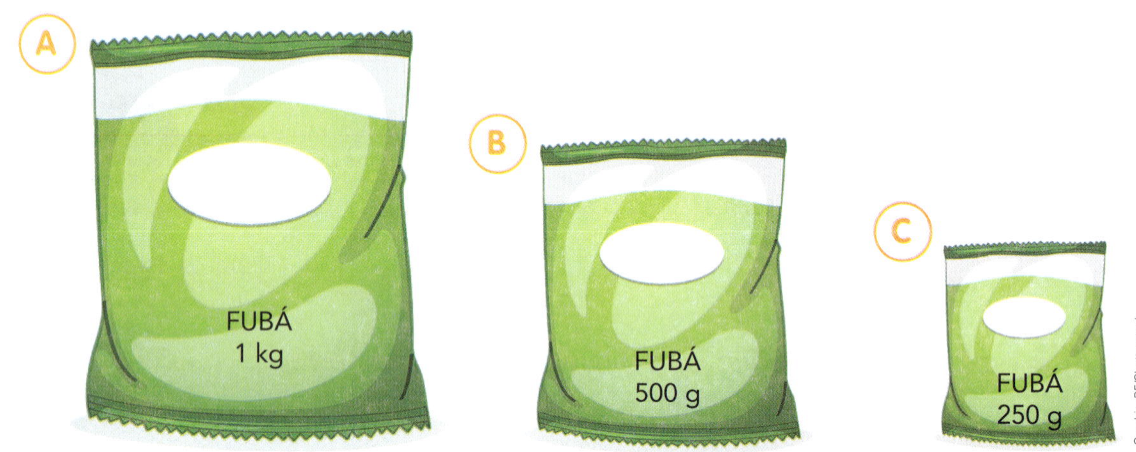

- Escreva quantos gramas de fubá obtemos em cada caso abaixo.

a) 2 embalagens **A**: _______________

b) 1 embalagem **B** e 1 **C**: _______________

c) 3 embalagens **B**: _______________

- Escreva 2 formas diferentes de se obter 2 kg de fubá.

____

____

6 Antônio é feirante e faz pesagens em uma balança de pratos. Observe a balança e as 3 peças com seus "pesos".

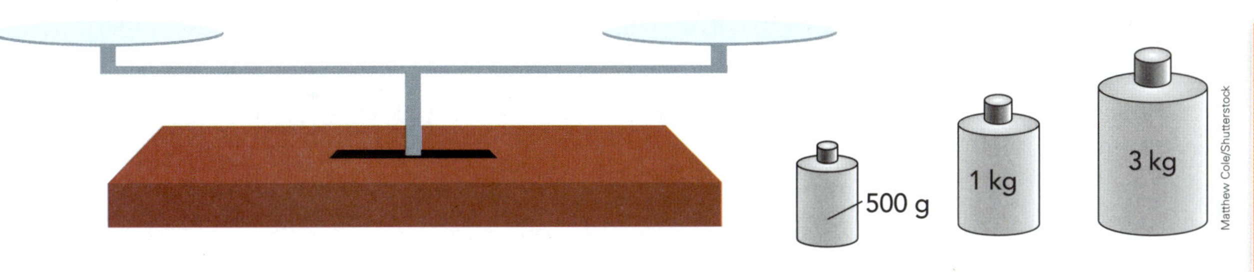

a) Usando uma ou mais peças em um dos pratos da balança e a mercadoria no outro, quais os possíveis "pesos" que ele pode aferir?

São 7 possibilidades. Indique as possibilidades e a massa aferida (em gramas) em cada uma. A primeira já está feita.

- Só a peça de 500 g ⟶ 500 g
- ____________________ ⟶ ________
- ____________________ ⟶ ________
- ____________________ ⟶ ________
- ____________________ ⟶ ________
- ____________________ ⟶ ________
- ____________________ ⟶ ________

b) A balança abaixo está em equilíbrio. Qual é a massa do pacote de farinha?

____

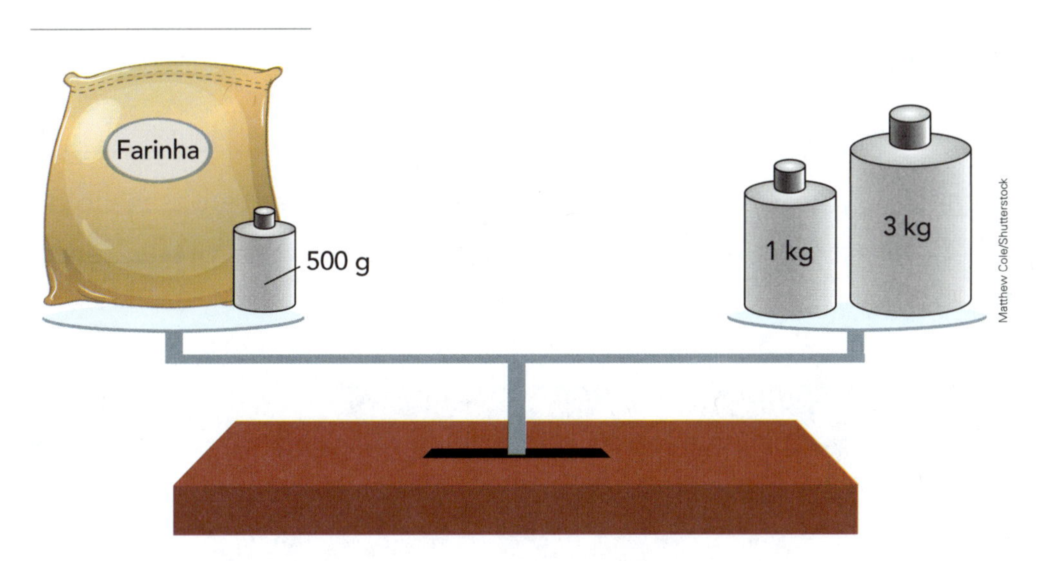

7 As vasilhas desenhadas abaixo estão cheias de água.

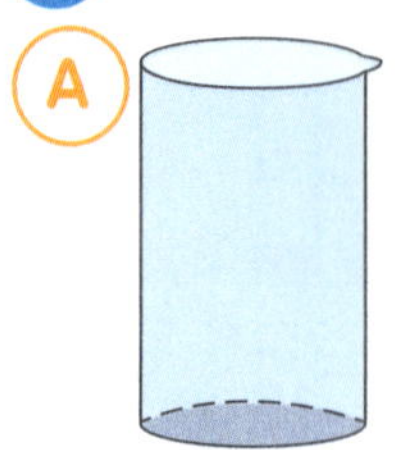

750 mL

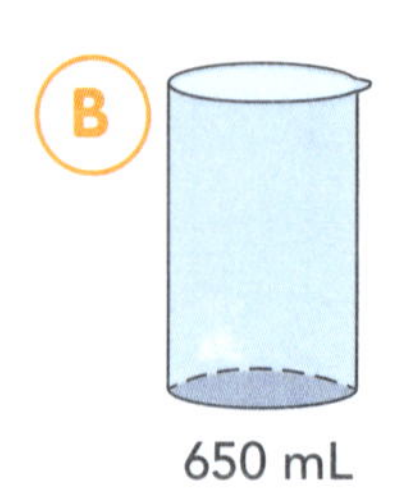

650 mL

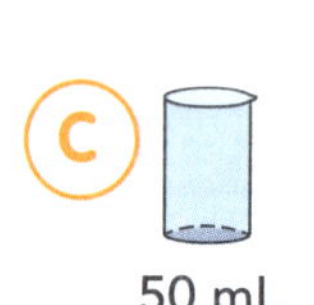

50 mL

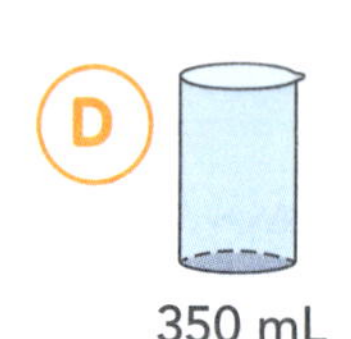

350 mL

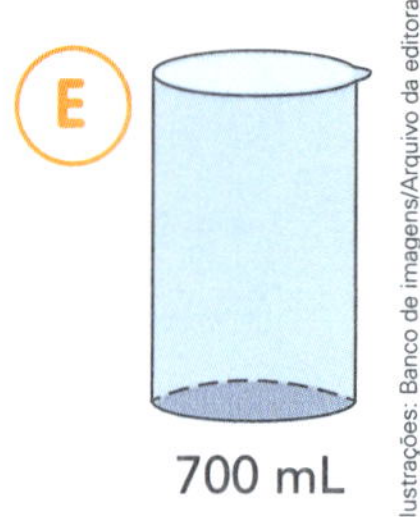

700 mL

Ilustrações: Banco de imagens/Arquivo da editora

As vasilhas desenhadas ao lado estão vazias. Descreva como devemos fazer para encher as 2 com água de **A**, **B**, **C**, **D** e **E**.

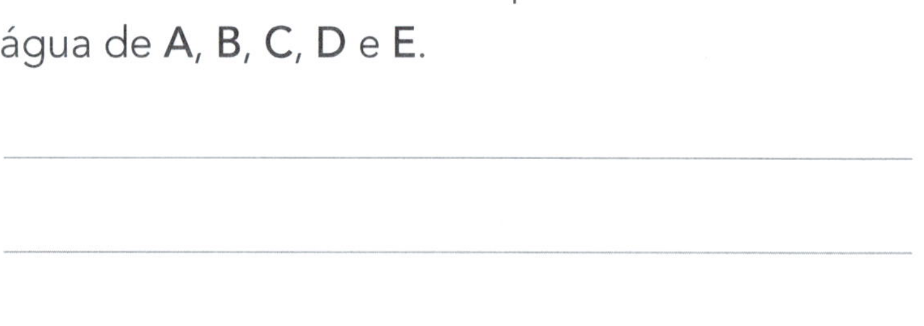

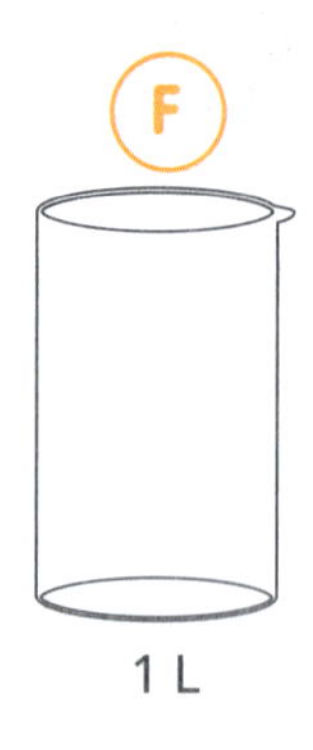

1 L

1,5 L
(1 litro e meio)

8 No interior de um recipiente cúbico com arestas de 1 metro cabem 1 000 litros de água.
Descubra e escreva qual é a capacidade total dos recipientes desenhados abaixo.

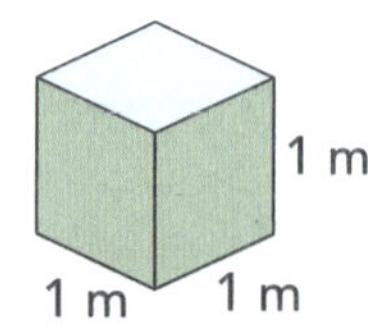

Capacidade: 1000 L.

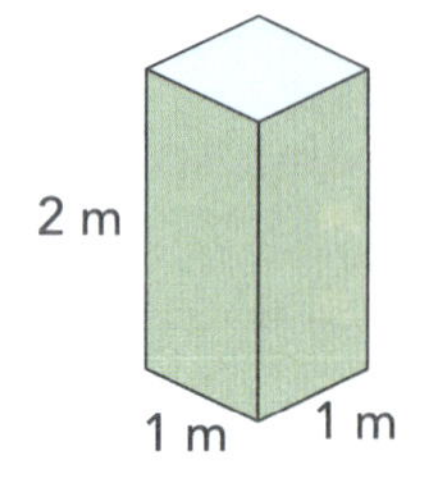

Capacidade: ______________.

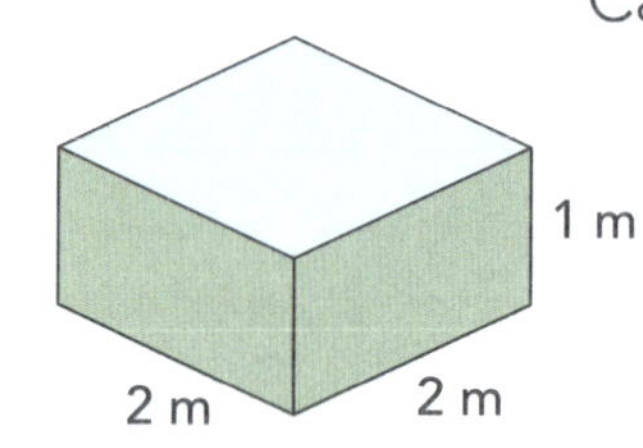

Capacidade: ______________.

Ilustrações: Banco de imagens/Arquivo da editora

9 Responda às questões referentes à medida de temperatura.

a) No geral, as temperaturas são mais baixas no verão ou no inverno?

____

b) Quando a medida da temperatura em um ambiente passa de 33 °C para 21 °C, dizemos que ela subiu ou baixou? Em quantos graus Celsius?

____

c) No Brasil, as temperaturas registradas nos estados da região Sudeste geralmente são mais altas ou mais baixas do que as registradas na região Norte?

____

10 HORAS E MINUTOS

Veja o que o relógio está marcando e as várias maneiras de ler e registrar.

Fotos: ThavornC/Shutterstock

Antes do meio-dia

- 10 horas e 40 minutos
- 10 h 40 min
- 10:40
- 20 para as 11
- 10 e 40 da manhã

Depois do meio-dia (12 + 10 = 22)

- 22 horas e 40 minutos
- 22 h 40 min
- 22:40
- 20 para as 23
- 10 e 40 da noite

Agora você. Escreva cada horário de 3 maneiras diferentes.

Antes do meio-dia

____

____

____

Depois do meio-dia

____

____

____

Depois do meio-dia

____

____

____

11 VAMOS INDICAR AS HORAS

Desenhe os ponteiros e registre nos relógios digitais.

a) 3 h 35 min

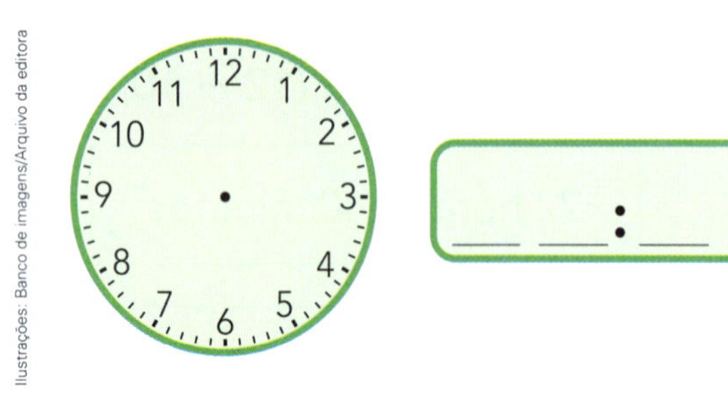

d) 5 para as 7 da noite

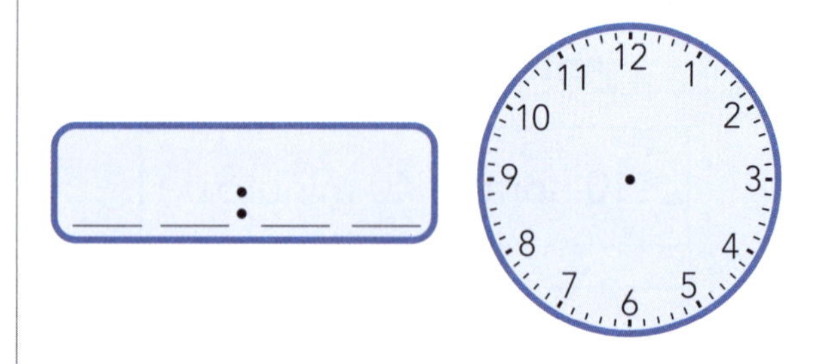

Ilustrações: Banco de imagens/Arquivo da editora

b) 20 horas e 45 minutos

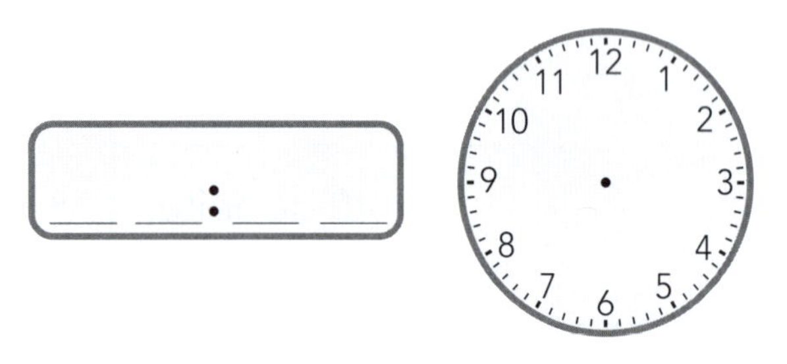

e) 1 e 15 da tarde

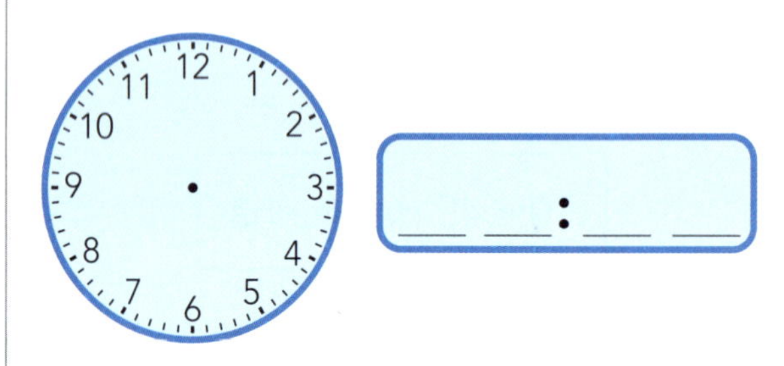

c) Meio-dia

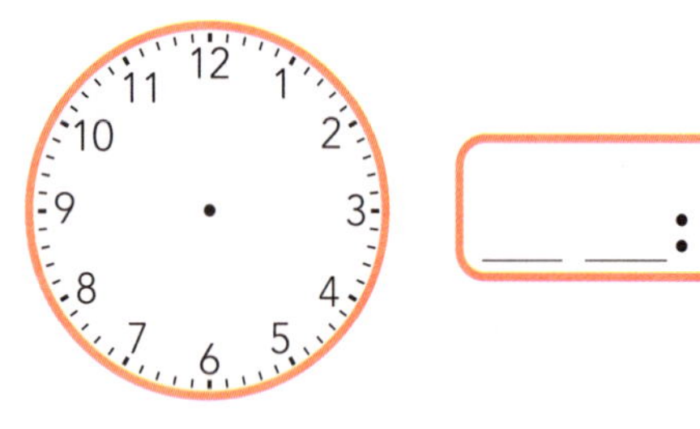

f) 6 e meia da manhã

12 HORAS, MINUTOS E SEGUNDOS

Ponteiro preto das horas, azul dos minutos e verde dos segundos. Complete.

Antes do meio-dia

_____ h _____ min _____ s

Depois do meio-dia

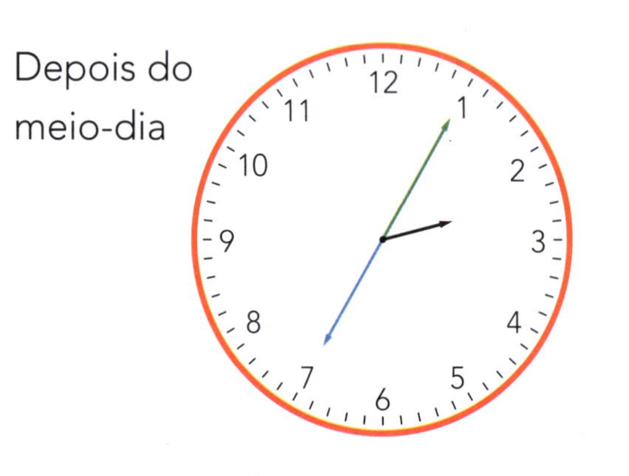

_____ h _____ min _____ s

Ilustrações: Banco de imagens/Arquivo da editora

13 Lúcia começou a fazer a lição de casa às 14 h 30 min e terminou às 15 h 20 min.
Veja o esquema abaixo e complete.

Africa Studio/Shutterstock

	Início	Duração	Término
a) Lúcia	14 h 30 min	50 minutos →	15 h 20 min
b) Paulo	15 h	1 hora e 10 minutos →	16 h 10 min
c) Ana	20 h	1 hora e 5 minutos →	________
d) Marcos	________	1 hora →	10 h 25 min
e) Rafael	8 h 45 min	1 h 15 minutos →	________

14 Complete com os números ou as unidades de medida de intervalo de tempo.

1 dia: ________ horas

1 hora: ________ minutos

1 minuto: ________ segundos

1 semana: ________ dias

1 ano: ________ dias

1 século: ________ anos

a) 3 horas têm ________ minutos.

b) 24 meses são ________ anos.

c) ________ semanas são 28 ________________.

d) 1 ano e 5 meses são ________ meses.

e) 8 minutos são ________ segundos.

f) Julho e agosto têm juntos ________ dias.

g) 72 horas são ________ dias.

15 Por que o mês de fevereiro tem 28 dias em alguns anos e 29 dias em outros?

____

16 O ano de 2018 não foi bissexto.

Indique:

a) o número de dias no mês de fevereiro de 2014: ______________.

b) os meses com 30 dias exatos: ______________, ______________,

______________ e ______________.

c) os meses com 31 dias: ______________, ______________,

______________, ______________, ______________,

______________ e ______________.

17 **OBA! FESTAS DE ANIVERSÁRIO!**

Complete.

a) A festa de Paulo foi no dia

25 de junho (______/______).

Ilustrações: Ilustra Cartoon/Arquivo da editora

b) A festa de sua prima Júlia foi uma semana depois, ou seja, no dia ______ de julho

(______/______).

18 O dia 15 de janeiro de 2015 caiu em uma quinta-feira.

Que outros dias deste mês caíram na quinta-feira?

Indique aqui: dias ______, ______, ______ e ______.

19 CRUZADINHA COM MEDIDA DE INTERVALO DE TEMPO

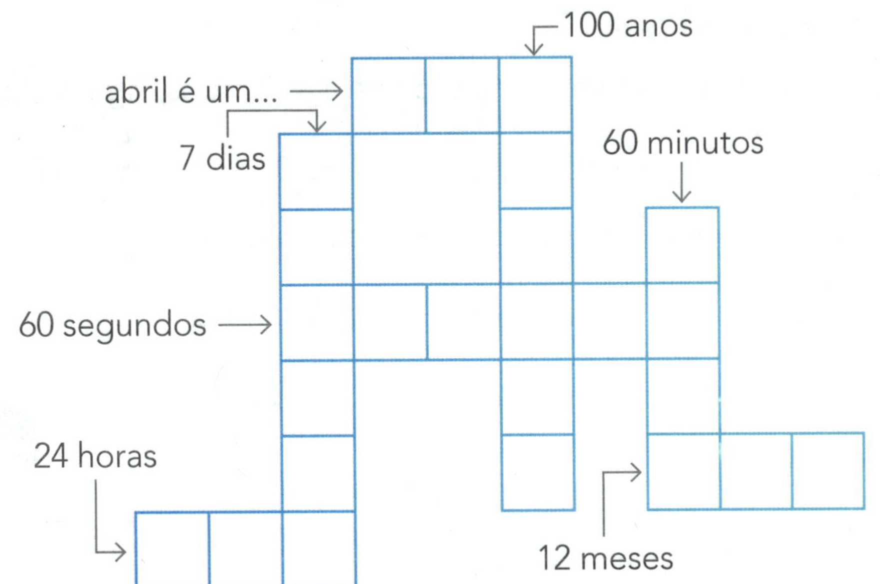

20 Leia com atenção, pense e responda.

a) Maurício completou 6 anos em 2019.

Em que ano ele nasceu? ________. Em que ano ele completará 10 anos?

____

b) O século XXI começou no dia 1º/1/2001.

Em que dia começará o século XXII? ________________

c) Quais são os meses do 2º bimestre de um ano?

____

d) Quais são os meses do 2º trimestre de um ano?

____

e) Quais são os meses do 2º semestre de um ano?

____

f) Em que mês você faz aniversário? ____________________

21 PESQUISA

Qual é a medida da temperatura na qual a água passa do estado líquido para o estado gasoso (vapor)? ________________

22 TESTES

Assinale a alternativa correta.

a) Quando dizemos que faltam 20 minutos para as 7 horas, significa que são:

- [ ] 7:20
- [ ] 6:40
- [ ] 6:20
- [ ] 7:10

b) A quarta parte de uma hora ou um quarto de hora corresponde a:

- [ ] 10 minutos.
- [ ] 12 minutos.
- [ ] 15 minutos.
- [ ] 20 minutos.

c) Para tomar um banho gastamos aproximadamente:

- [ ] 10 horas.
- [ ] 10 segundos.
- [ ] 10 dias.
- [ ] 10 minutos.

As imagens não estão representadas em proporção.

GraphicsRF/Shutterstock

d) O período de 2 semanas e 3 dias corresponde a:

- [ ] 20 dias.
- [ ] 18 dias.
- [ ] 17 dias.
- [ ] 16 dias.

e) Das 22 h do dia 11/4/15 até as 6 h do dia 13/4/15 temos:

- [ ] 32 horas.
- [ ] 35 horas.
- [ ] 26 horas.
- [ ] 30 horas.

f) O relógio verde está marcando a hora certa. Então, o amarelo está:

- [ ] 2 horas adiantado.
- [ ] 2 horas atrasado.
- [ ] 3 horas adiantado.
- [ ] 3 horas atrasado.

18:30

21:30

Ilustrações: Jotah Ilustrações/Arquivo da editora

g) A temperatura máxima registrada em um dia de muito calor foi de aproximadamente:

- [ ] 15 °C
- [ ] 22 °C
- [ ] 33 °C
- [ ] 19 °C

Unidade 4

Adição e subtração com números naturais

As imagens não estão representadas em proporção.

1 IDEIAS DA ADIÇÃO E CÁLCULO MENTAL

Calcule mentalmente, responda e indique a adição efetuada.

Picolés.

a) Seu José vendeu 200 picolés de frutas de manhã e 300 picolés à tarde.

Quantos picolés ele vendeu no total? ____________________

______ + ______ = ______

Figurinhas.

b) Marisa já tem 198 figurinhas colocadas em seu álbum.
Agora ela vai colar mais 6.
Com quantas figurinhas seu álbum vai ficar?

____

____

2 Mais alguns cálculos mentais.

Use o caminho que quiser para efetuar as adições mentalmente. Registre os resultados e depois troque ideias com os colegas sobre como cada um fez.

a) 428 + 60 = ______

b) 3 277 + 3 = ______

c) 4 000 + 8 000 = ______

d) 734 + 1 000 = ______

e) 2 080 + 600 = ______

f) 4 200 + 9 = ______

g) 378 + 99 = ______

h) 1 100 + 235 = ______

i) 400 + 600 = ______

j) 909 + 30 = ______

3 Observe a adição do item **a** da atividade anterior e complete.

a) Os números 428 e 60 são chamados ____________________.

b) O resultado, que é o número ______, é chamado ____________________.

4 Leia com atenção e complete.

a) Se 3874 + 217 = 4091, então 217 + 3874 = ________.

b) 396 + 0 = ________ e ________ + 5129 = 5129

5 Calcule as somas iniciando pela parcela indicada.

a) 3 + 10 + 7

____ + ____

____

b) 3 + 10 + 7

____ + ____

____

c) 3 + 10 + 7

____ + ____

____

- Agora, escolha o caminho mais conveniente e efetue.

a) 12 + 9 + 11 **b)** 25 + 16 + 5 **c)** 300 + 400 + 63

6 **ADIÇÃO PELO ALGORITMO DA DECOMPOSIÇÃO**

Efetue.

a) 2647 + 223 = ________ **b)** 585 + 533 = ________

7 Complete com o que falta.

a)

```
   2 3 --(+6)-->   2 9
 + 3 2 -------->  ____
   5 5 -------->   5 5
```

b)

```
   7 0 --(−9)-->
 + 4 2 -------->  ____
       -------->
```

c)

```
   1 6 5 -------->
 +   4 4 --(+3)-->  ____
         -------->
```

8 ADIÇÃO PELO ALGORITMO USUAL

Efetue:

a) 346 + 1 252 = ________

b) 57 + 48 = ________

c) 396 + 424 = ________

d) 3 189 + 12 442 = ________

e) 374 + 25 + 1 022 = ________

As imagens não estão representadas em proporção.

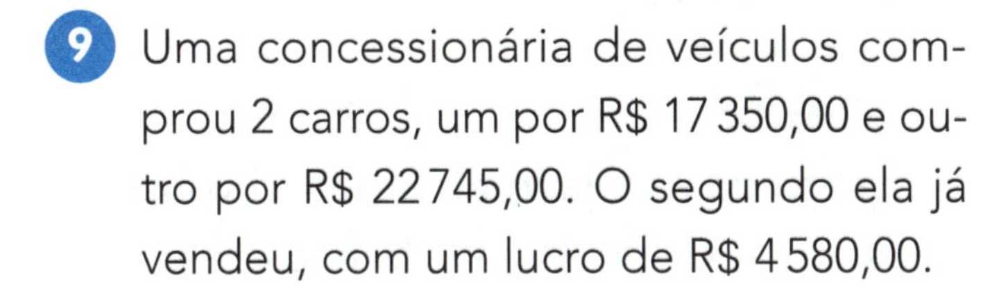

9 Uma concessionária de veículos comprou 2 carros, um por R$ 17 350,00 e outro por R$ 22 745,00. O segundo ela já vendeu, com um lucro de R$ 4 580,00.

Whitevector/Shutterstock

Rawpixel.com/Shutterstock

a) Quanto ela pagou pelos 2 carros? ____________________

b) Por quanto ela vendeu o segundo carro? ____________________

10 Considere os algarismos já colocados e complete com os que faltam para que a soma seja sempre a menor possível.

a)

	3	2	5
+		2	☐
	☐	☐	☐

b)

	3	8
+		☐
	4	☐

c)

	7	☐	4
+	☐	2	5
1	☐	☐	☐

11 IDEIAS DA SUBTRAÇÃO E CÁLCULO MENTAL

Calcule mentalmente, responda e indique a subtração efetuada.

a) Pedro tinha R$ 235,00 e comprou um par de tênis por R$ 100,00. Com quanto ele ainda ficou? ____________

________ − ________ = ________

Preko Perola/Shutterstock
Tênis.

b) No 4º ano da escola de Paula há 125 meninos e 128 meninas. Quantas meninas há a mais do que meninos? ____________

____

c) Na campanha de coleta de material reciclável na cidade onde Lucas mora foram recolhidos 1 700 quilogramas de material. Quantos quilogramas faltaram para que o total fosse 2 000 quilogramas? ____________

____

d) No jogo de basquete do campeonato da escola, o time de Rui venceu o time de Fabiano pela contagem de 106 a 89. Qual foi a diferença de pontos na contagem? ____________

____

12 CÁLCULO MENTAL

Pense, efetue as subtrações mentalmente como achar melhor e registre os resultados. Depois converse com os colegas sobre como cada um fez.

a) 7 000 − 3 000 = ________

b) 591 − 3 = ________

c) 644 − 30 = ________

d) 800 − 20 = ________

e) 865 − 165 = ________

f) 3 000 − 100 = ________

g) 2 541 − 30 = ________

h) 721 − 718 = ________

13 Observe a subtração do item **a** da atividade anterior e complete.

a) O número 7 000 chama-se ____________.

b) O número 3 000 chama-se ____________.

c) O resultado, que é o número ________, chama-se ________.

14 SUBTRAÇÃO DECOMPONDO O SUBTRAENDO

Efetue 4728 − 1325, tirando 1000, depois tirando 300, depois tirando 20 e finalmente tirando 5.

4728 − ________ = ________

________ − ________ = ________

________ − ________ = ________

________ − ________ = ________

Complete: 4728 − 1325 = ________.

15

Use o processo da atividade anterior, calcule e responda.

A família de Juliano está indo visitar um sítio localizado a 372 km da cidade em que moram. Até agora eles já percorreram 143 km do percurso até o sítio e pararam para descansar. Quanto falta para a família completar o percurso?

____

ESB Professional/Shutterstock

16 SUBTRAÇÃO PELO ALGORITMO USUAL

Efetue:

a) 794 − 232 = ________

b) 63 − 37 = ________

c) 2491 − 377 = ________

d) 15824 − 12691 = ________

e) 326 − 149 = ________

17 Para ir da cidade **A** para a cidade **D** há 2 caminhos: um passando por **B** e outro passando por **C**. Observe a figura, calcule e responda.

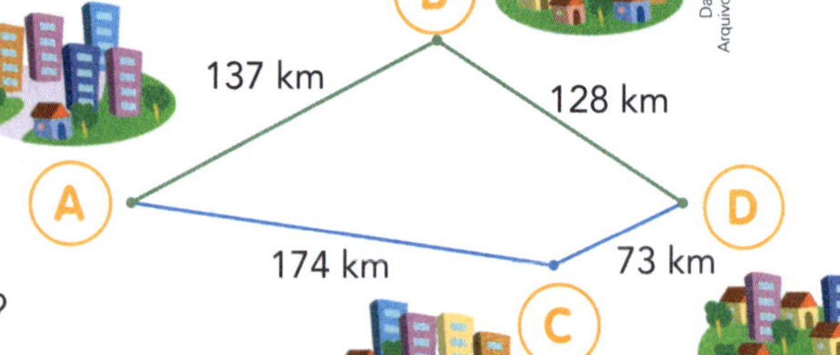

a) Qual dos caminhos é o mais curto?

____

b) Quantos quilômetros ele tem a menos do que o outro? ____________________

18 Complete com o número ou sinal da operação (+ ou −).

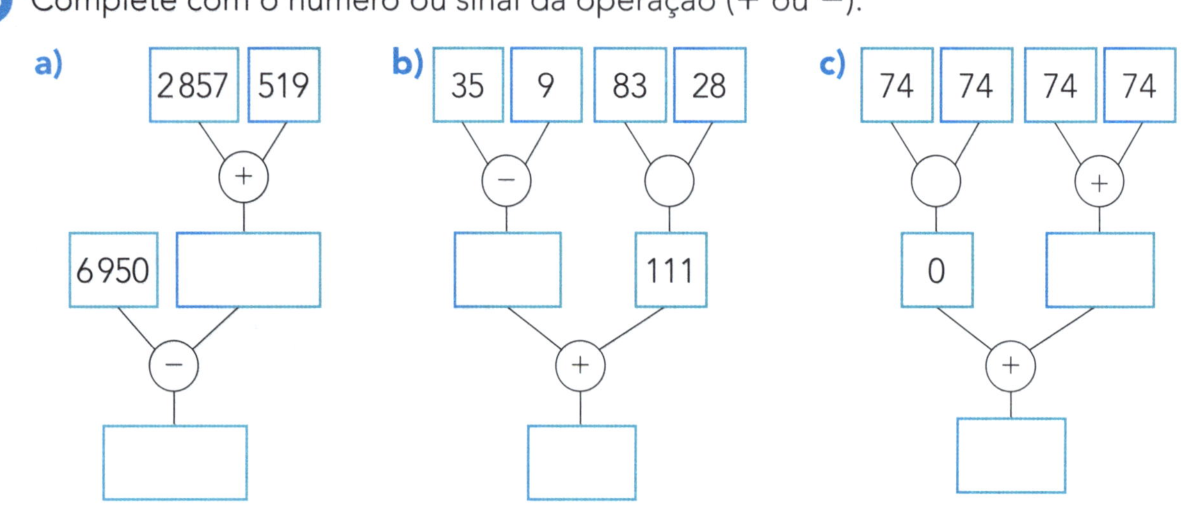

19 Dos 400 pares de sapatos produzidos por uma empresa de calçados, 49 foram separados por estarem com pequenos defeitos de fabricação. Quantos pares de sapatos sem defeitos de fabricação sobraram? ____________________

20 Complete com o que falta.

a)
```
  ⁴5̸¹1  --(+6)-->   ⁴5̸¹7
−  2 3  ------->  − ____
   2 8            2 8
```

b)
```
 ⁰1̸¹1 0  ------->
−    6 0  --(+9)-->  − ______
```

c)
```
   7 8 9  ------->
−  4 5 6  --(−3)-->  − ______
```

21 Efetue a operação e depois faça a verificação efetuando a operação inversa.

a)
```
  3 4 6
+ 2 7 1
```

b)
```
  2 5 5 7
− 1 2 9 3
```

22 Escreva nos quadros os números que completam as operações.

a) ☐ − 1346 = 1885

b) 587 + ☐ = 1063

c) ☐ + 2567 = 12892

d) 2580 − ☐ = 1037

23 **QUADRADO MÁGICO**

A soma é a mesma em todas as **linhas**, **colunas** e **diagonais** (soma mágica). Complete este quadrado mágico.

1		8	13
6	15		
		14	
16		9	4

24 Arredonde, efetue mentalmente e encontre o resultado aproximado. Depois, efetue pelo algoritmo usual para conferir.

a) 19 848 + 10 036

Resultado aproximado: ________.

Resultado exato: ________.

b) 9 995 − 2 087

Resultado aproximado: ________.

Resultado exato: ________.

25 **DESAFIO**

A casa de Pedro, a de Ana e a de José estão alinhadas, como mostra a figura.

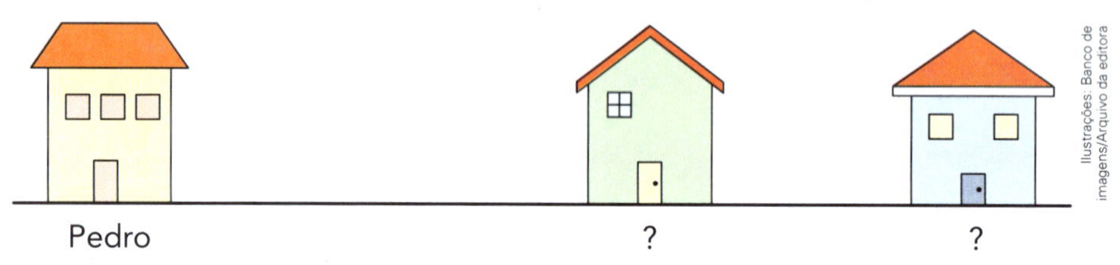

Ilustrações: Banco de imagens/Arquivo da editora

Pedro mora a 135 metros de Ana, e José mora a 45 metros de Ana.

- Considerando essas informações, responda.

a) Qual é a maior distância possível entre a casa de Pedro e a de José?

____

Complete.

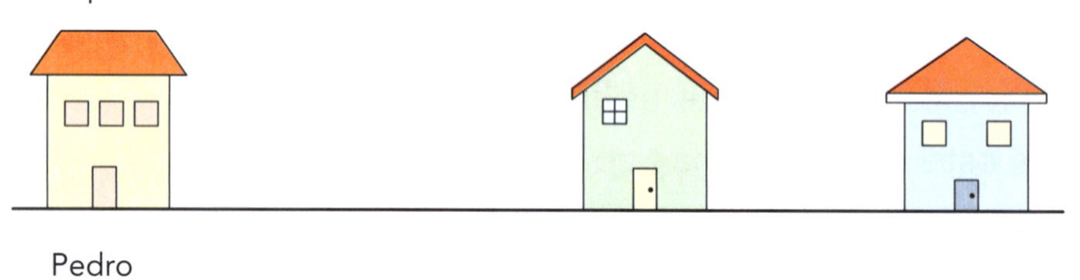

b) Qual é a menor distância possível entre a casa de Pedro e a de José?

____

Complete.

Multiplicação com números naturais

1 IDEIAS DA MULTIPLICAÇÃO E CÁLCULO MENTAL

Calcule mentalmente, responda e indique a multiplicação correspondente.

- Na escola de Márcio há 3 classes de 4º ano, com 30 alunos em cada classe.

  Quantos alunos de 4º ano há nessa escola? ______

- Observe a figura ao lado e responda.

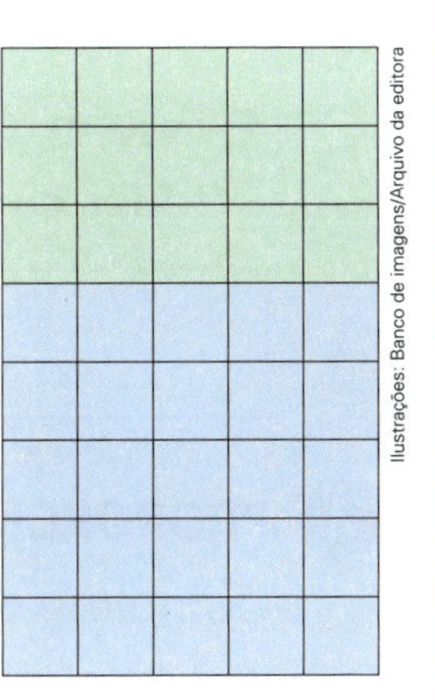

Ilustrações: Banco de imagens/Arquivo da editora

  a) Há quantos quadrinhos verdes?

  ______

  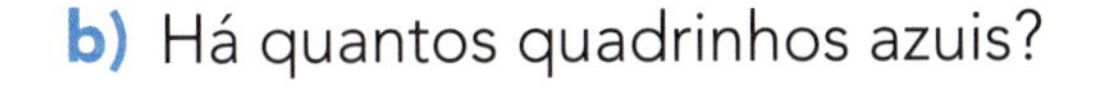

  b) Há quantos quadrinhos azuis?

  ______

  ______

  c) Há quantos quadrinhos no total? ______

- Para pintar a parede da casinha ao lado, Paula vai escolher entre estas cores:

  Para pintar o telhado ela vai escolher entre estas cores:

  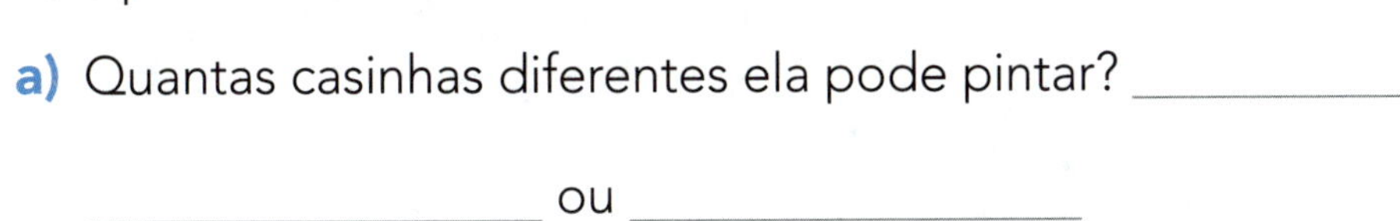

  a) Quantas casinhas diferentes ela pode pintar? ______

  b) Desenhe as casinhas para conferir sua resposta.

2 RETOMANDO AS TABUADAS

Pinte os quadros que têm multiplicação com o resultado correto.

Assinale com um **X** os 3 quadros que têm multiplicação com o resultado incorreto.

$5 \times 4 = 20$	$6 \times 6 = 36$	$9 \times 5 = 45$	$7 \times 4 = 26$
$2 \times 9 = 18$	$4 \times 8 = 36$	$3 \times 3 = 9$	
$8 \times 8 = 68$	$7 \times 7 = 49$	$4 \times 10 = 40$	$9 \times 7 = 63$

- Agora, reescreva as multiplicações assinaladas com um **X**, mas com os resultados corretos.

___ × ___ = ___	___ × ___ = ___	___ × ___ = ___

3 PROPORCIONALIDADE

Complete o esquema.

× 3 ___ mangas custam R$ 10,00 × ___

15 mangas custam R$ ___

4 Complete as multiplicações.

$4 \times 7 =$ ___ × 2 ↓ ↓ ↓ × ___ $8 \times 7 =$ ___	$6 \times 3 =$ ___ ↓ ↓ × 5 ↓ × ___ ___ × ___ = ___
$2 \times 2 =$ ___ × ___ ↓ ↓ ↓ × ___ $200 \times 2 =$ ___	$3 \times 1 =$ ___ × 5 ↓ ↓ × 5 ↓ × ___ ___ × ___ = ___
$3 \times 3 =$ ___ ↓ × ___ ↓ × 5 ↓ × ___ 30 × ___ = ___	$4 \times 4 =$ ___ × ___ ↓ ↓ × ___ ↓ × ___ $36 \times 20 =$ ___

5 Descubra a quantia e indique a multiplicação correspondente.

a) 5 notas de R$ 10,00 ⟶ ______________ ______ × ______ = ______

b) 20 notas de R$ 20,00 ⟶ ______________ ______ × ______ = ______

c) 11 notas de R$ 100,00 ⟶ ______________ ______ × ______ = ______

d) 10 notas de R$ 50,00 ⟶ ______________ ______ × ______ = ______

e) 7 notas de R$ 5,00 ⟶ ______________ ______ × ______ = ______

f) 100 notas de R$ 2,00 ⟶ ______________ ______ × ______ = ______

6 Faça arredondamentos, calcule mentalmente e dê um **resultado aproximado**. Depois use uma calculadora, calcule e registre o **resultado exato**.

a) Cada caderno custa R$ 19,00. O preço aproximado de 5 cadernos é R$ ______ (______ × ______ = ______).

O preço exato é R$ ______ (______ × ______ = ______).

b) As poltronas de um teatro estão em disposição retangular com 21 filas e 28 colunas.

O total de poltronas é aproximadamente ______ (______ × ______ = ______).

Número exato de poltronas: ______ (______ × ______ = ______).

c) Em um vasilhame cabem 11 litros de água. Despejando-se 31 vasilhames cheios em um tanque serão aproximadamente ______ litros de água (______ × ______ = ______).

Número exato de litros: ______ (______ × ______ = ______).

7 Leia com atenção e complete.

a) Se 45 × 88 = 3 960, então 88 × 45 = ______.

b) 1 × 36 = ______ e 429 × ______ = 429

c) 72 × 0 = ______ e ______ × 319 = 0

d) 814 × 23 = 23 × ______

8 Calcule o valor de 738 × 2 fazendo uma adição de parcelas iguais.

9 Complete.

a) Na multiplicação da atividade anterior temos _______ × _______ = _______.

b) Nessa multiplicação, os números 738 e 2 são chamados _______________,

e o resultado, que é o número _______, é chamado _____________________.

10 Calcule os produtos, na ordem indicada.

a) 3 × 2 × 10

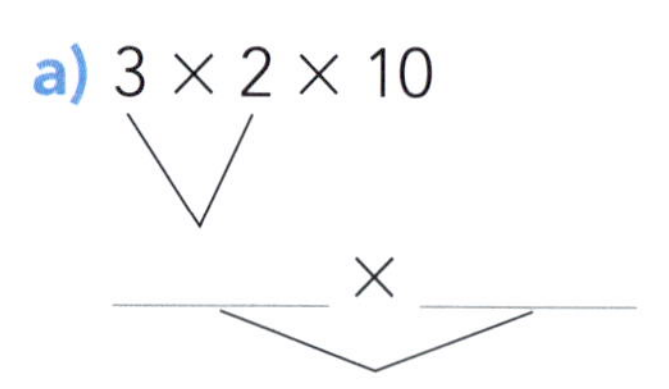

b) 3 × 2 × 10

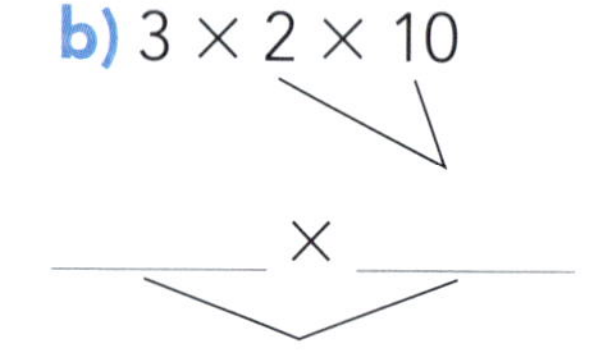

c) 3 × 2 × 10

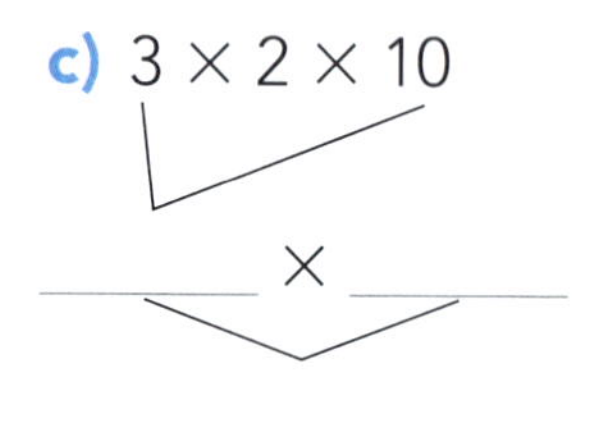

- Aqui você escolhe a ordem mais conveniente.

a) 2 × 7 × 5

b) 3 × 4 × 5

c) 8 × 2 × 3

11 Multiplicação pelo algoritmo da decomposição.

a) 7 × 154 = _______

_______ + _______ + _______

× _______

_______ + _______ + _______

_______ + _______

____

b) 46 × 2 = _______

c) 8 × 1 325 = _______

12 Multiplicação pelo algoritmo usual.

a) $126 \times 4 =$ ________

b) $30 \times 618 =$ ________

c) $1\,215 \times 40 =$ ________

13 Lucas tem R$ 1 250,00, Pedro tem o dobro dessa quantia, e Bia tem R$ 750,00 a menos do que Lucas. Quantos reais têm os três juntos? ________________

14 Em um cinema há 3 setores de poltronas. No setor **A** há 5 fileiras de poltronas, e em cada fileira há 16 poltronas. No setor **B** há 6 fileiras de poltronas, e em cada fileira há 18 poltronas. No setor **C** há 8 fileiras de poltronas, e em cada fileira há 20 poltronas. Quantas poltronas há nesse cinema? ________________

15 Em um jogo de basquete, Márcio arremessou 43 vezes. Acertou 4 arremessos de 3 pontos, 9 arremessos de 2 pontos e 8 lances livres, que valem 1 ponto cada um.

a) Quantos arremessos ele acertou? ____________

b) Quantos ele errou? ____________

c) Quantos pontos ele fez? ____________

George Rudy/Shutterstock

16 Veja o exemplo e decomponha os números.

a) $2\,353 = 2 \times 1\,000 + 3 \times 100 + 5 \times 10 + 3 \times 1$

b) $9\,349 =$ ________________________________

c) $7\,096 =$ ________________________________

17 Faça a composição dos números.

a) $8 \times 1\,000 + 7 \times 100 + 3 \times 10 + 4 \times 1 =$ ______

b) $6 \times 1\,000 + 9 \times 100 + 2 \times 10 + 5 \times 1 =$ ______

18 Felipe tinha R$ 1 250,00. Gastou R$ 725,00 e, em seguida, recebeu R$ 480,00. Bruna tem o triplo do que Felipe possui. Quantos reais têm os dois juntos?

______

19 A equipe de Paula criou um jogo e está confeccionando cartões para serem usados nele. Em cada cartão haverá um número natural de 7 a 23 e uma letra de **M** a **U**.

Por exemplo 12-P , 23-M , etc.

Calcule e responda.

a) Qual será o número total de cartões? ______

b) Quantos cartões terão um número par e uma consoante? ______

20 Dona Rita vende tortas deliciosas. Veja as opções de massas e recheios e depois complete a tabela com as possibilidades de escolha.

Tortas vendidas por dona Rita

Recheios \ Massas	Folhada	Integral
Ricota		
Frango		
Atum		
Brócolis		

Tabela elaborada para fins didáticos.

a) Quantas são as opções de escolha no total? ______

b) Escreva uma multiplicação que represente essa situação. ______

Unidade 6

Divisão com números naturais

1 AS IDEIAS DA DIVISÃO

As imagens não estão representadas em proporção.

Use desenhos para efetuar as divisões.

Em cada item, indique a divisão correspondente.

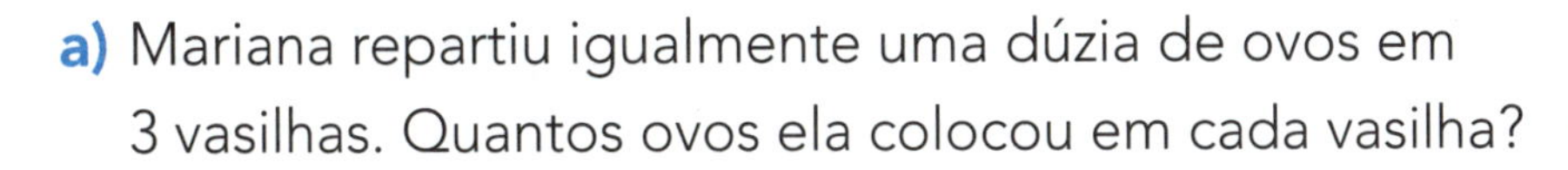

a) Mariana repartiu igualmente uma dúzia de ovos em 3 vasilhas. Quantos ovos ela colocou em cada vasilha?

Embalagem com ovos.

Hong Vo/Shutterstock

____

_____ ÷ _____ = _____

b) Rodolfo vai guardar 15 livros em caixas, colocando 5 livros em cada caixa. De quantas caixas ele vai precisar?

Livros.

StudioVin/Shutterstock

____

____

c) Com 11 alunos é possível formar quantas equipes com 5 alunos em cada equipe? ___________________________

____

2 DIVISÃO EXATA, DIVISÃO NÃO EXATA E VERIFICAÇÃO

- No item **a** da atividade anterior temos uma divisão exata. Escreva a divisão e sua verificação usando a multiplicação.

  Divisão: _____ ÷ _____ = _____

  Verificação: _____ × _____ = _____ ou _____ × _____ = _____

- No item **c** temos uma divisão não exata. Escreva a divisão e sua verificação com uma multiplicação e uma adição.

  Divisão: _____ ÷ _____ = _____ com resto _____

  Verificação: _____ × _____ = _____ e _____ + _____ = _____

3 Use a operação inversa para efetuar as divisões exatas, como nos exemplos.

```
 2 1 | 7
-2 1 |----
-----| 3
   0 |
```

$3 \times 7 = 21$

$45 \div 9 = 5$, porque $5 \times 9 = 45$.

a) $24 \div 4 =$ ________, porque ________________________.

b) $42 \div 6 =$ ________, porque ________________________.

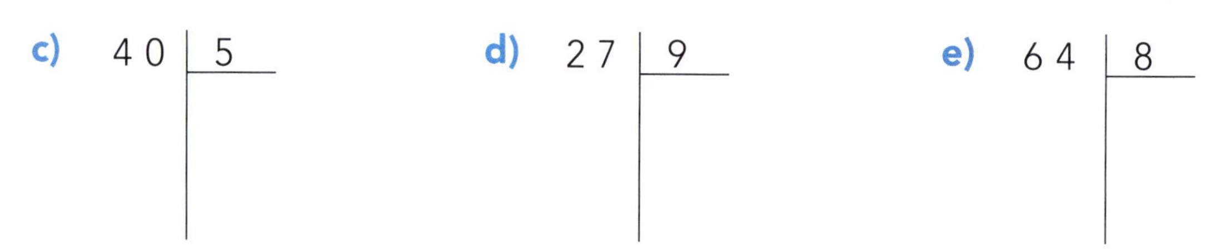

4 Efetue agora as divisões não exatas, como no exemplo.

> Qual é o número que vezes 7 dá 37, ou mais se aproxima de 37, sem ultrapassá-lo?
> É o 5, pois $5 \times 7 = 35$ e $6 \times 7 = 42$ (passa de 37).
> Logo, $37 \div 7 = 5$, com resto 2.
>
> ```
>  3 7 | 7
> -3 5 |----
> -----| 5
>    2 |
> ```

a) 2 3 | 5

b) 4 9 | 8

c) 1 9 | 2

5 Na divisão do item **a** da atividade anterior temos:

- Nome do número 23: ____________________.
- Nome do número 5: ____________________.
- Nome do número 4: ____________________.
- Nome do número 3: ____________________.

6 **DESAFIO**

Descubra o padrão (regularidade) da sequência dos 7 primeiros números naturais que, divididos por 4, têm resto 2, e depois complete.

6, ______, 14, ______, ______, 26 e ______.

7 DIVISÃO EXATA POR 10, 100 OU 1000

Veja os exemplos e efetue os demais cálculos.

$470 \div 10 = 47$ $25000 \div 100 = 250$ $3000 \div 1000 = 3$

47~~0~~ 250~~00~~ 3~~000~~

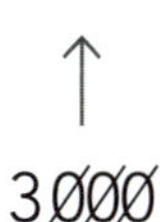

a) 9600 ÷ 10 = ______

b) 9600 ÷ 100 = ______

c) 12000 ÷ 1000 = ______

d) 90 ÷ 10 = ______

e) 4000 ÷ 100 = ______

f) 80000 ÷ 1000 = ______

8 Complete e indique a divisão correspondente.

a) 70 milímetros equivalem a ______ centímetros. ______ ÷ ______ = ______

b) 800 centavos equivalem a ______ reais. ______ ÷ ______ = ______

c) 40000 quilogramas equivalem a ______ toneladas.

______ ÷ ______ = ______

9 CÁLCULO MENTAL

Pense e calcule mentalmente como julgar melhor.
Depois, confira com os colegas.

a) 60 ÷ 2 = ______

b) 600 ÷ 2 = ______

c) 6000 ÷ 2 = ______

d) 100 ÷ 2 = ______

e) 4000 ÷ 5 = ______

f) 1200 ÷ 6 = ______

g) 40 ÷ 8 = ______

h) 600 ÷ 20 = ______

i) 3000 ÷ 50 = ______

j) 600 ÷ 300 = ______

k) 2000 ÷ 50 = ______

l) 700 ÷ 70 = ______

10 Escreva o número de horas correspondente.

a) 60 minutos. ⟶ ______________________

b) 300 minutos. ⟶ ______________________

c) 180 minutos. ⟶ ______________________

d) 480 minutos. ⟶ ______________________

11 ARREDONDAMENTOS E RESULTADOS APROXIMADOS

Em cada item assinale o valor mais próximo do valor exato.

Glamour/Shutterstock

a) O preço de 3 camisetas é R$ 87,00.
Então, 2 camisetas custam aproximadamente:

☐ R$ 60,00. ☐ R$ 50,00. ☐ R$ 70,00. ☐ R$ 40,00.

b) O quociente entre 798 e 19 está mais próximo de:

☐ 50. ☐ 30. ☐ 40. ☐ 60.

c) A quarta parte de R$ 1 996,00 é, aproximadamente:

☐ R$ 450,00. ☐ R$ 550,00. ☐ R$ 400,00. ☐ R$ 500,00.

d) Se o perímetro de uma praça mede 395 metros, para percorrer 2 020 metros é preciso dar aproximadamente:

☐ 20 voltas na praça.
☐ 5 voltas na praça.
☐ 10 voltas na praça.
☐ 2 voltas na praça.

12 CÁLCULO MENTAL

Calcule mentalmente e complete.

a) A soma de 100 e 20 é ______________________.

b) A diferença entre 100 e 20 é ______________________.

c) O produto de 100 e 20 é ______________________.

d) O quociente de 100 por 20 é ______________________.

13 DIVISÃO PELO ALGORITMO DAS ESTIMATIVAS

Efetue 836 ÷ 22 fazendo as estimativas de 2 maneiras diferentes.

836 | 22

836 | 22

14 ALGORITMO USUAL: DIVISÃO POR NÚMERO DE 1 ALGARISMO

Efetue as divisões abaixo e nos itens **d** e **e** faça a verificação.

a) 78 ÷ 6 = ______________________

b) 377 ÷ 5 = ______________________

c) 4 920 ÷ 8 = ______________________

d) 9 108 ÷ 3 = ______________________

e) 541 ÷ 2 = ______________________

15 Você se lembra desta propriedade da divisão?

Como $35 = 5 \times 7$, para efetuar a divisão exata $2870 \div 35$, podemos dividir 2 870 por 5 e depois dividir o valor obtido por 7.

Faça isso e depois complete: $2870 \div 35 =$ ________.

16 **ALGORITMO USUAL: DIVISÃO POR NÚMERO DE 2 ALGARISMOS**

Efetue:

a) $90 \div 15 =$ ________________

b) $322 \div 23 =$ ________________

c) $2250 \div 44 =$ ________________

d) $1521 \div 39 =$ ________________

e) $31304 \div 52 =$ ________________

f) $989 \div 43 =$ ________________

17 Um *notebook* cujo preço é R$ 2 250,00 está sendo vendido pelo seguinte plano de pagamento: a terça parte no ato da compra e o restante em 12 prestações iguais. O valor de cada prestação é ________________.

Mama_mia/Shutterstock

Notebook.

18 Joel tem R$ 9750,00. Rafael tem o dobro dessa quantia e Bete tem a quinta parte do que tem Rafael. Quantos reais têm os 3 juntos? ____________

19 Uma indústria fabricou 25370 peças de geladeira. Destas, 4970 apresentaram defeitos. As demais foram colocadas em caixas com 25 unidades cada uma.

Quantas caixas foram usadas? ____________

20 **OBA! O CIRCO CHEGOU À CIDADE!**

Marisa foi ao circo com seus pais e seus dois irmãos.
Os 2 ingressos de adulto custaram R$ 52,00.
Os 3 ingressos de criança custaram R$ 48,00.

Graeme Dawes/Shutterstock

Circo.

a) Qual foi a despesa total desse grupo de pessoas na compra dos ingressos? ____________

b) Qual foi a despesa de um grupo formado por 1 adulto e 4 crianças?

____

21 A "MÁQUINA DE TRANSFORMAR NÚMEROS"

Veja a "máquina" que Davi construiu.

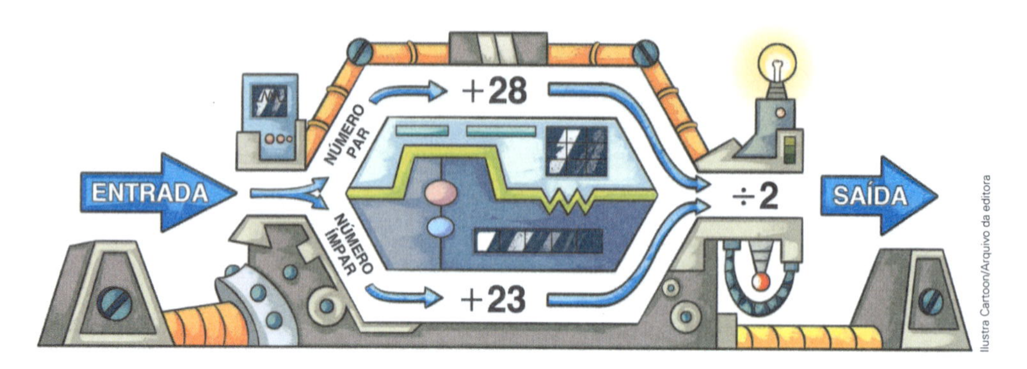

Ilustra Cartoon/Arquivo da editora

Veja os 2 exemplos e procure entender o funcionamento da "máquina".
Se entrar o número 12, sai o número 20 ($12 + 28 = 40$ e $40 \div 2 = 20$).
Se entrar o número 15, sai o número 19 ($15 + 23 = 38$ e $38 \div 2 = 19$).

- Agora, calcule e complete.

a) Entrada: 33.

Saída: ________.

b) Entrada: 40.

Saída: ________.

c) Entrada: 428.

Saída: ________.

d) Entrada: 1 005.

Saída: ________.

- **DESAFIO**

Descubra os 2 números que, colocados na entrada, levarão ao 15 na saída.

Números ________ e ________.

Comprimento e área

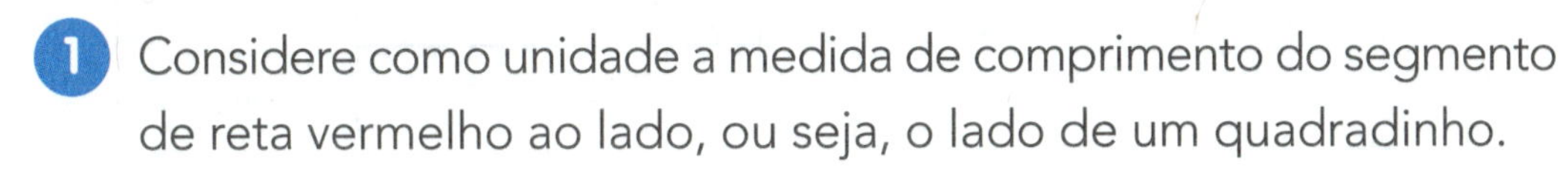

1 Considere como unidade a medida de comprimento do segmento de reta vermelho ao lado, ou seja, o lado de um quadradinho.

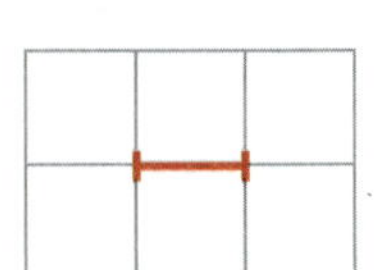

a) Determine a medida de comprimento dos três caminhos que vão do ponto **A** até o ponto **B**, usando essa unidade.

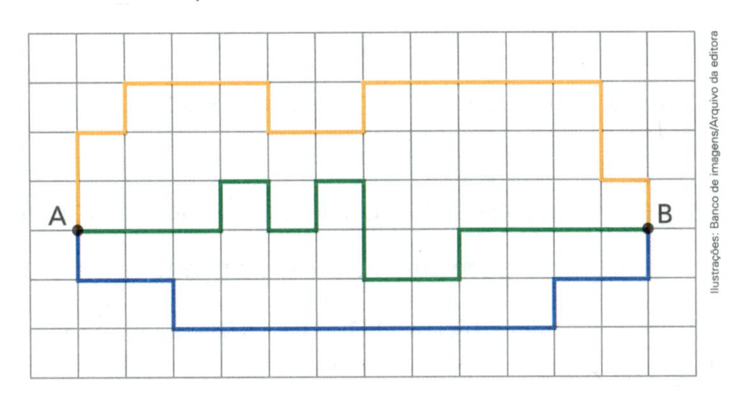

Ilustrações: Banco de imagens/Arquivo da editora

- Laranja: ________ unidades.
- Azul: ________ unidades.
- Verde: ________ unidades.

b) Responda: Dos 3 caminhos, qual é o mais curto? ____________________

2 Considere a mesma unidade de medida de comprimento da atividade anterior e pinte as regiões planas de acordo com o indicado.

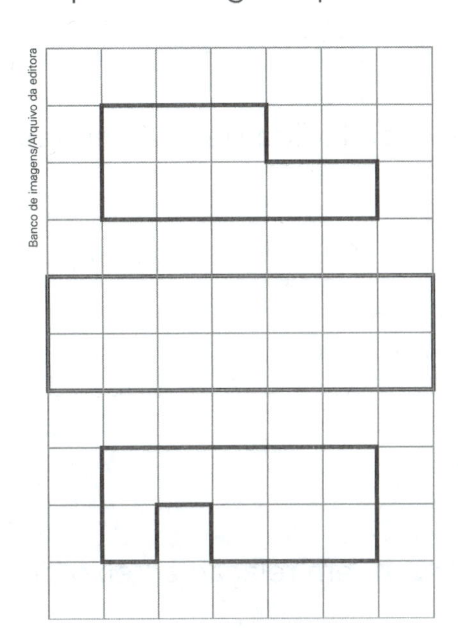

Banco de imagens/Arquivo da editora

- Marrom: aquela cujo perímetro mede 16 unidades.
- Amarela: aquela cujo perímetro mede 18 unidades.
- Vermelha: a que sobrou.

Agora complete: A medida do perímetro da região vermelha é ________ unidades.

3 A largura de cada porta mede 1 metro. Responda: Quantos metros de rodapé são necessários para esses 2 cômodos da casa? ______________________

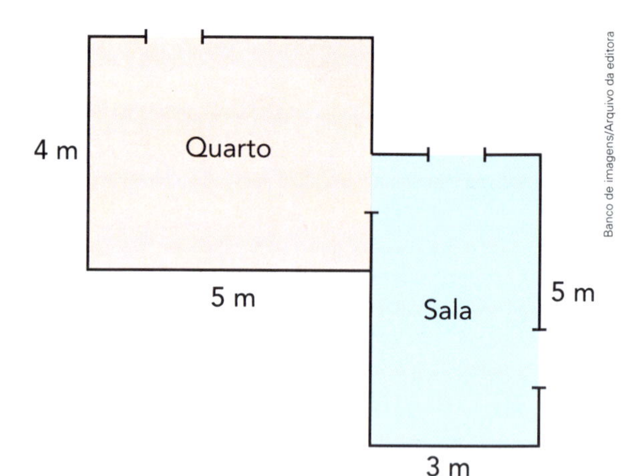

Banco de imagens/Arquivo da editora

4 **É HORA DE DESENHAR!**

Neste quadriculado, cada quadradinho tem lados com 1 cm de medida de comprimento.

a) Desenhe um segmento de reta com medida de comprimento igual a 6 cm.

b) Desenhe um quadrado com medida de perímetro de 8 cm.

c) Desenhe um retângulo com medida de largura de 3 cm e medida de perímetro de 16 cm.

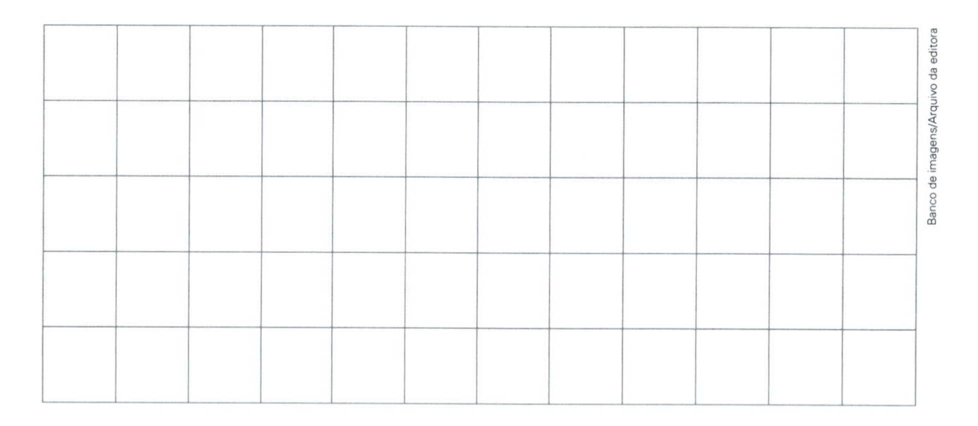
Banco de imagens/Arquivo da editora

5 Meça os lados desta região triangular e escreva a medida de seu perímetro, em centímetros.

Banco de imagens/Arquivo da editora

Medida do perímetro: ______________________.

- Desenhe o triângulo simétrico ao triângulo **roxo**, em relação ao eixo de simetria **vermelho**.

6 Veja como podemos indicar a medida de comprimento do segmento de reta $\overline{AB}$:

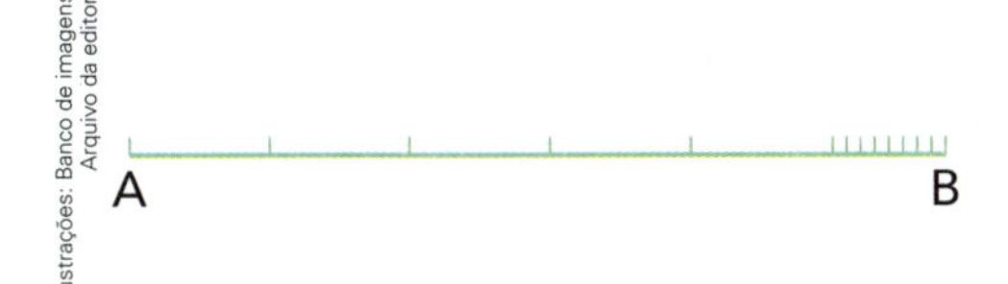

5 centímetros e 8 milímetros

ou

58 milímetros

Com símbolos: 5 cm e 8 mm ou 58 mm.

- Faça o mesmo com o segmento de reta $\overline{CD}$.

____

ou

____

Com símbolos: ______________________, ou

______________________.

- Agora, desenhe um segmento de reta $\overline{EF}$ cuja medida de comprimento seja 4 cm e 3 mm.

Essa medida também pode ser indicada por ________ mm.

7 ## OBSERVE O RETÂNGULO

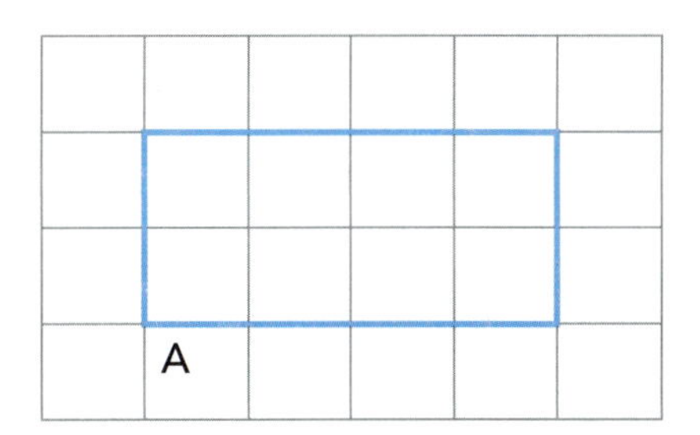

a) Desenhe um retângulo **B** de maneira que ele tenha metade do tamanho do retângulo **A**.

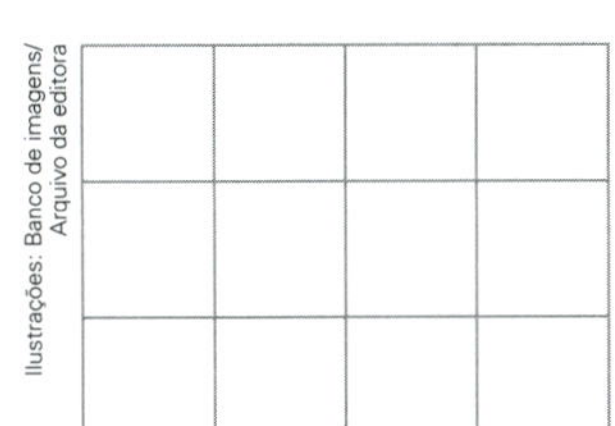

b) Desenhe um retângulo **C** de maneira que ele tenha o triplo do tamanho do retângulo **B**.

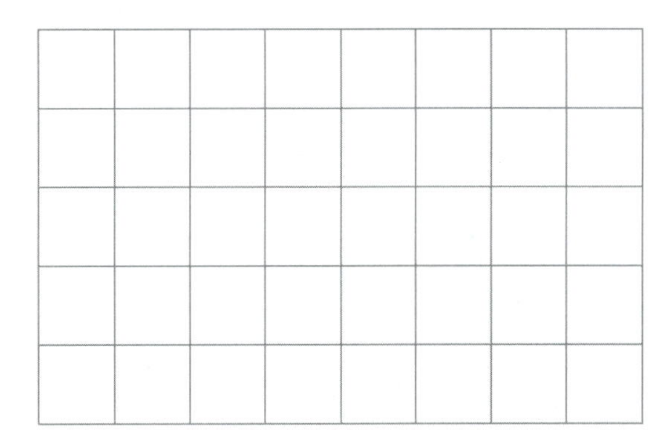

8 Complete com a unidade de medida de comprimento mais adequada: m, cm, mm ou km.

a) A distância entre as cidades de São Paulo e do Rio de Janeiro é de aproximadamente 357 ________.

b) A tampa de uma caneta tem aproximadamente 55 ________ de medida de comprimento.

Sergei Razvodovskij/Shutterstock

Tampa de caneta.

c) A altura de um armário é de aproximadamente 2 ________.

d) A folha de papel sulfite tem aproximadamente 30 ________ de medida de altura e 20 ________ de medida de largura.

9 **MUDANÇAS DE UNIDADES DE MEDIDAS DE COMPRIMENTO**

- Complete.

a) 1 cm = ________ mm

b) 1 m = ________ cm

c) 1 km = ________ m

- Agora, considere os valores dos itens acima e complete.

a) 8 cm = ________ mm

b) 4 km = ________ m

c) 9 m = ________ cm

d) 3 cm e 5 mm = ________ mm

e) 1200 m = ________ km e ________ m

f) 4 m e 8 cm = ________ cm

10 Observe os quadros já pintados e pinte os demais de modo que os que têm valores equivalentes fiquem da mesma cor. Os 2 de cor lilás já estão pintados.

meio quilômetro	dois metros e meio	20 mm	250 cm
dois centímetros	três quilômetros	50000 cm	250 mm
um quilômetro	dois metros	1000 m	15 mm
a quarta parte do metro	um centímetro e meio	3000 m	2000 mm

11 A joaninha e a aranha deverão caminhar sobre as linhas, em direção à flor. Observe a figura.

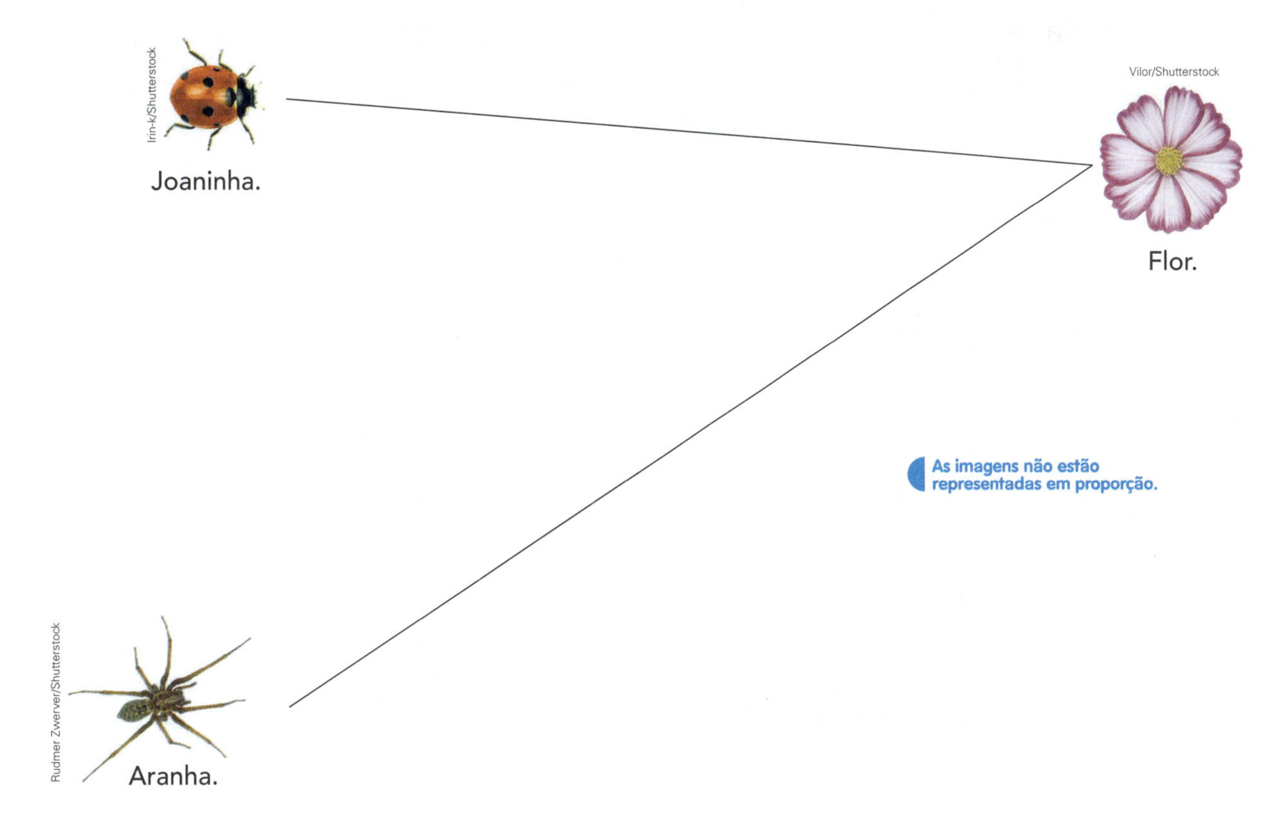

Joaninha.

Flor.

Aranha.

- Use a régua, meça e complete considerando as posições na figura.

  a) A medida da distância entre a joaninha e a aranha é de ________ cm.

  b) A medida da distância da aranha até a flor é de ________ cm.

  c) A medida da distância da joaninha até a flor é de ________________.

- Imagine agora que a joaninha vá andar 6 cm em direção à flor e chegar ao ponto **J**.
  Marque o ponto **J** na figura.

- Imagine que a aranha vá andar 4 cm em direção à flor e chegar ao ponto **A**.
  Marque o ponto **A**.

- Finalmente, registre mais estas medidas de distância.

  a) De **J** até **A** ⟶ ________________________________.

  b) De **J** até a flor ⟶ ______________________________.

  c) De **A** até a flor ⟶ ______________________________.

12 Calcule e registre a medida de área da região plana de acordo com a unidade indicada.

a) unidade:

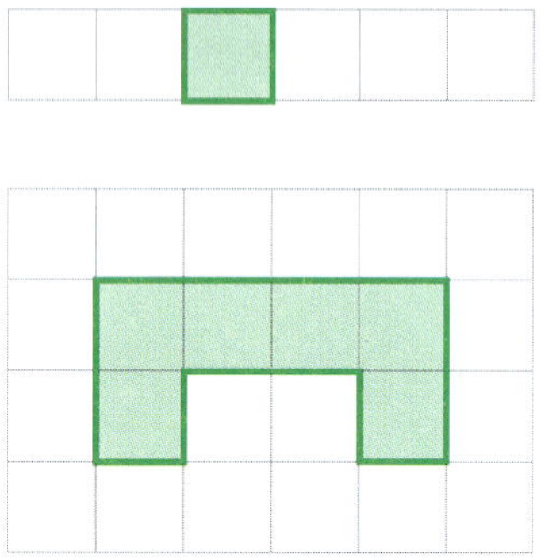

_______ unidades

c) unidade:

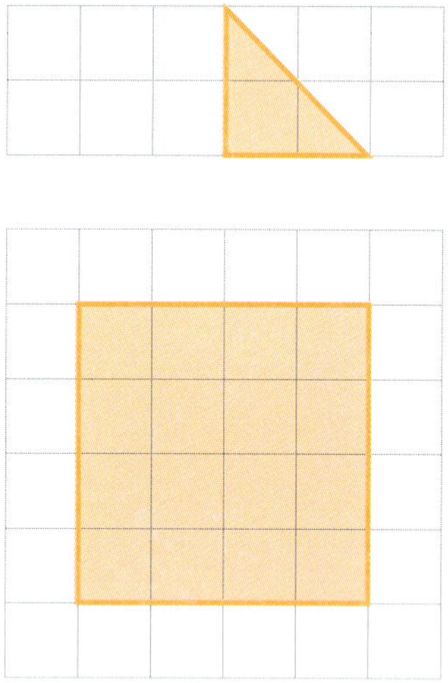

____

Ilustrações: Banco de imagens/Arquivo da editora

b) unidade:

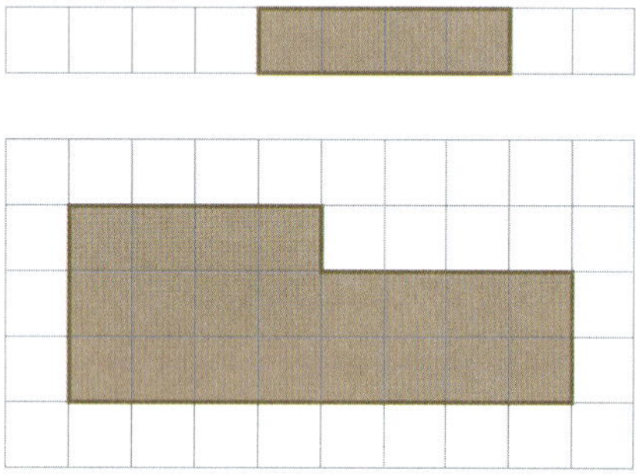

____

d) unidade:

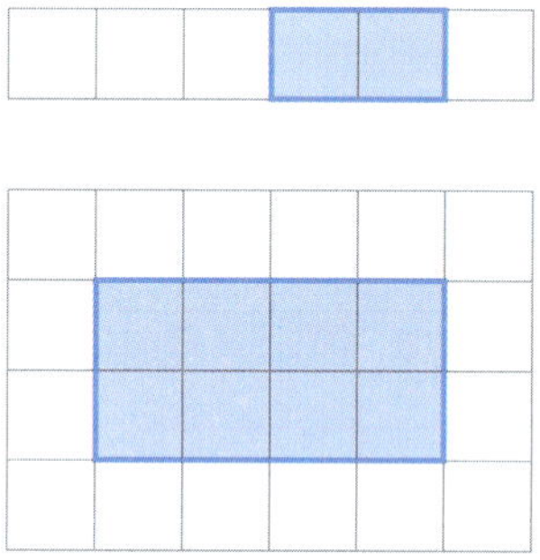

_______ unidades

13 Considere a medida da área da superfície ao lado como unidade.

Desenhe e pinte 2 regiões planas diferentes, ambas com medida de área de 3 unidades.

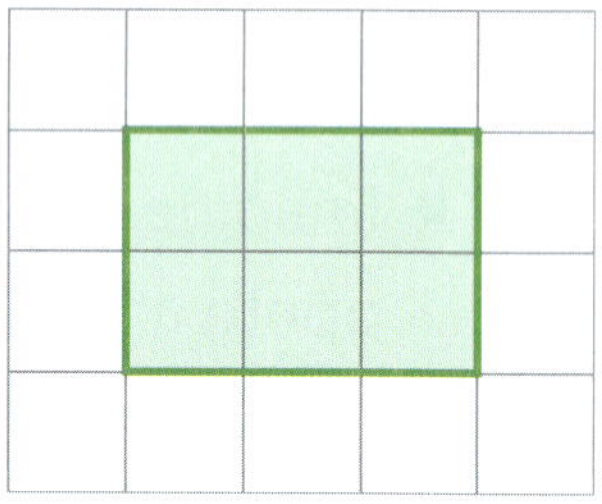

Ilustrações: Banco de imagens/Arquivo da editora

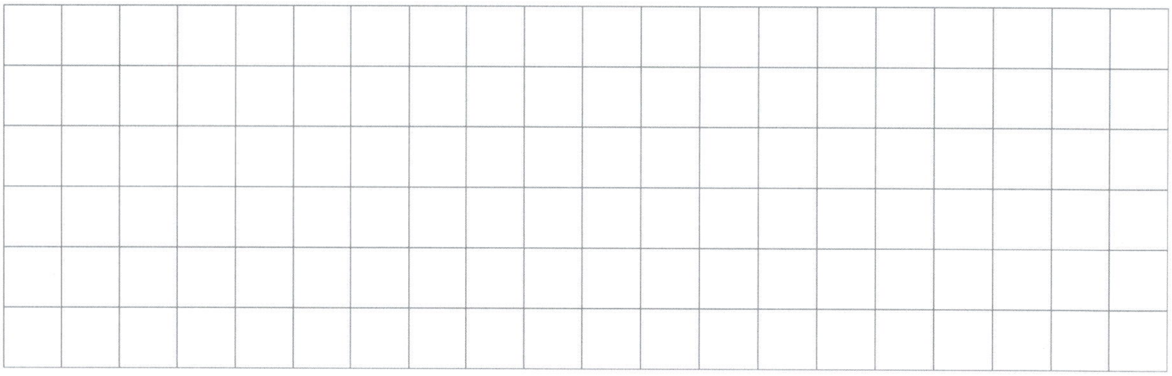

14 CENTÍMETRO QUADRADO (cm^2)

Assinale com um **X** todas as regiões planas abaixo que têm medida de área de 1 cm^2.

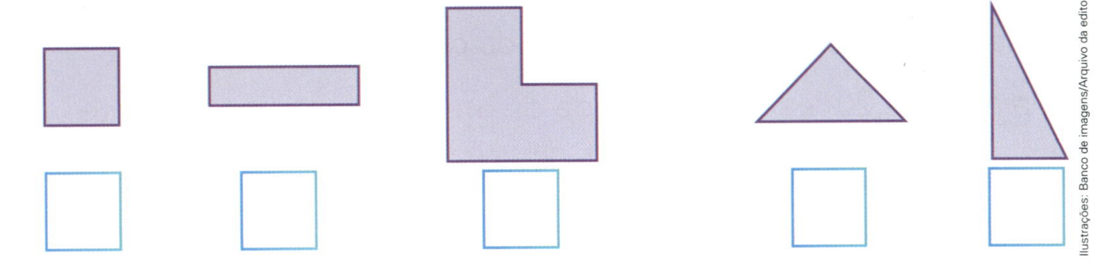

Ilustrações: Banco de imagens/Arquivo da editora

15 Pinte com a mesma cor as regiões planas de mesma medida de área.

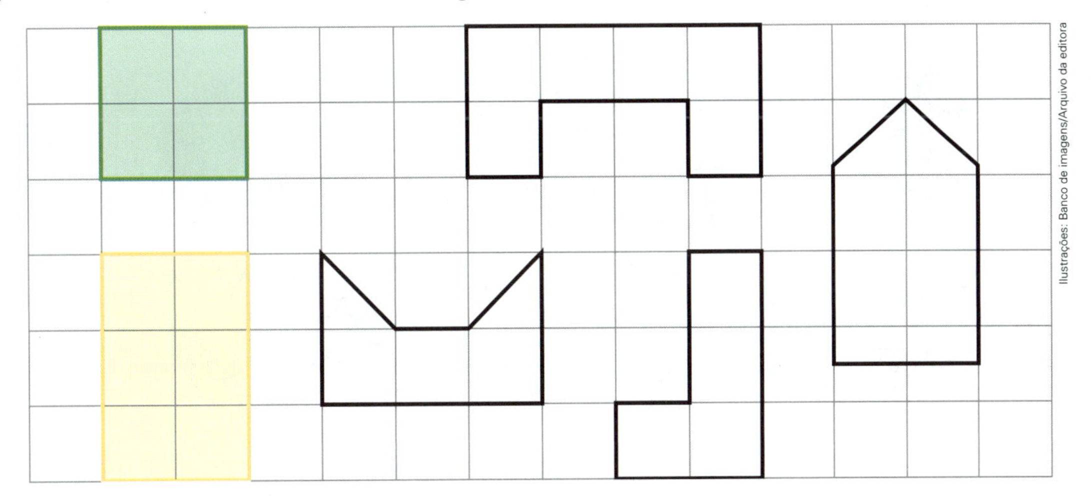

Ilustrações: Banco de imagens/Arquivo da editora

- Agora, complete: As regiões planas verdes têm medida de área de ________ cm^2, e as amarelas têm medida de área de ________________.

16 Desenhe e pinte:

a) de marrom duas regiões planas diferentes, ambas com medida de área de 5 cm^2;

b) de laranja uma região retangular com medida de área de 4 cm^2 e medida de perímetro de 10 cm.

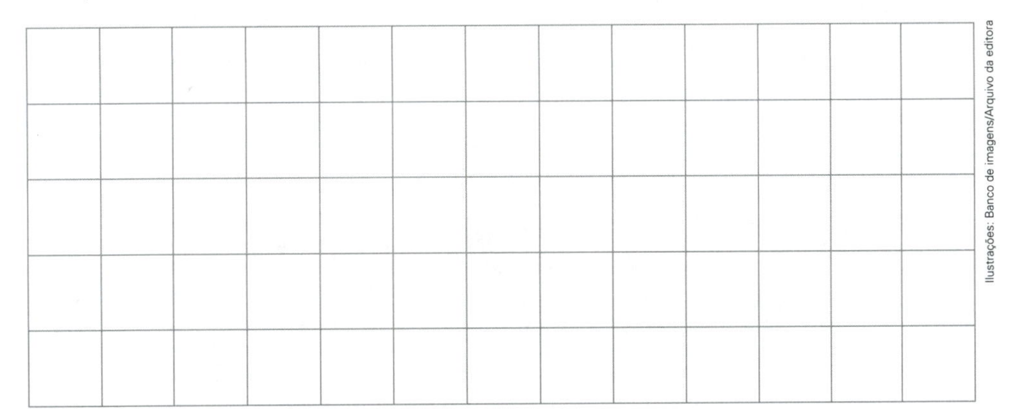

Ilustrações: Banco de imagens/Arquivo da editora

17 Use cm² (centímetro quadrado), m² (metro quadrado) ou km² (quilômetro quadrado) para completar as sentenças de forma adequada.

a) O piso do quarto de Raul tem medida de área de 16 ________.

b) A cidade em que Ana mora tem medida de área de 90 ________.

c) Uma nota de 20 reais tem medida de área de aproximadamente 84 ________.

18 Seu José preparou 2 canteiros para plantar verdura.
Um deles tem a forma quadrada, e o outro, a forma retangular.
Veja suas medidas, indicadas nas figuras.

Ilustra Cartoon/Arquivo da editora

- Cada lado dos quadradinhos da malha quadriculada abaixo representa 1 metro. Sabendo disso, desenhe os 2 canteiros vistos de cima.

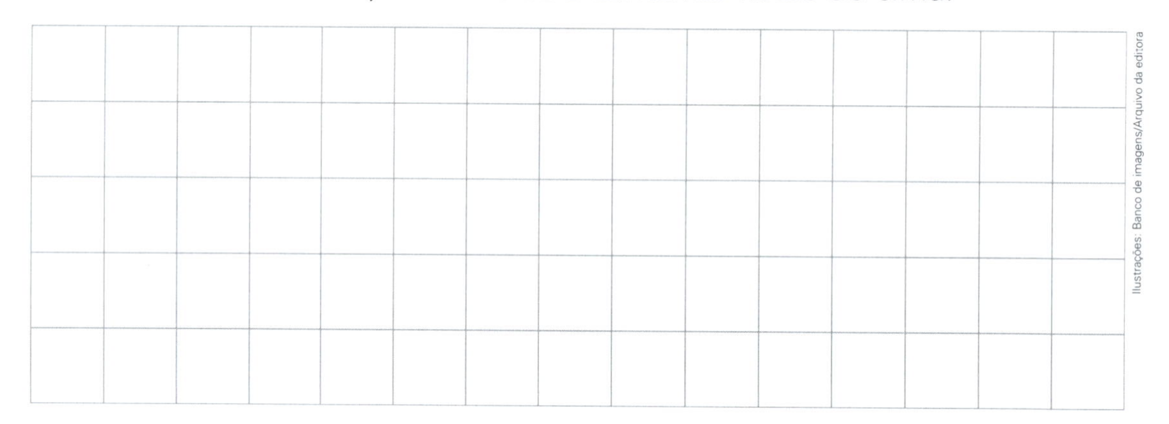

Ilustrações: Banco de imagens/Arquivo da editora

- Indique as medidas de perímetro e de área reais de cada canteiro, preenchendo a tabela.

Medidas reais

Canteiros	Perímetro	Área
quadrado		
retangular		

Tabela elaborada para fins didáticos.

Frações

1 Escreva a fração que representa o que está indicado.

a) As partes pintadas: _____.

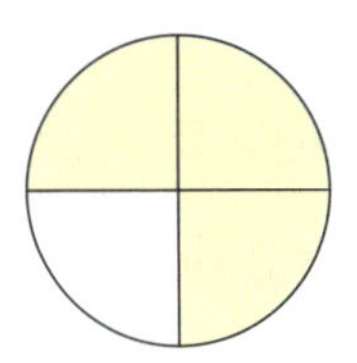

b) Os triângulos entre estas figuras:

_____.

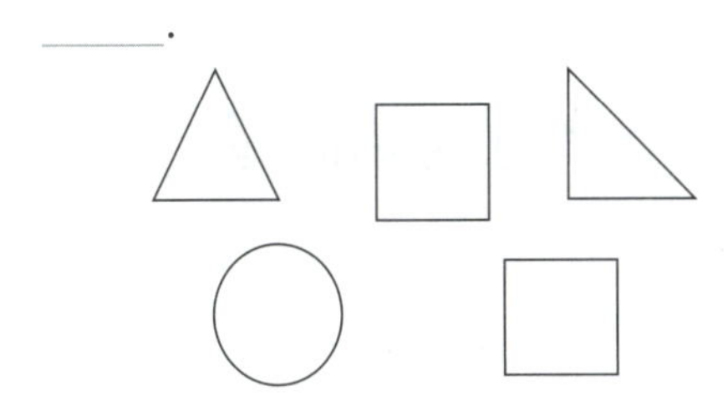

c) As partes que não estão pintadas:

_____.

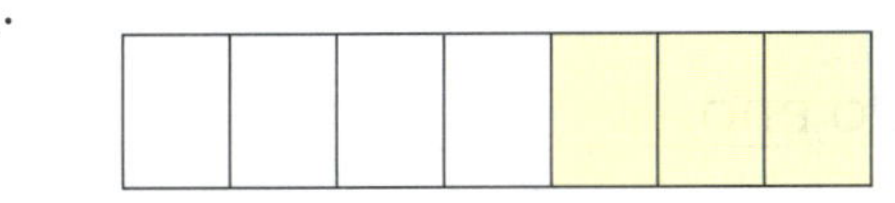

d) Os cubos entre estes sólidos:

_____.

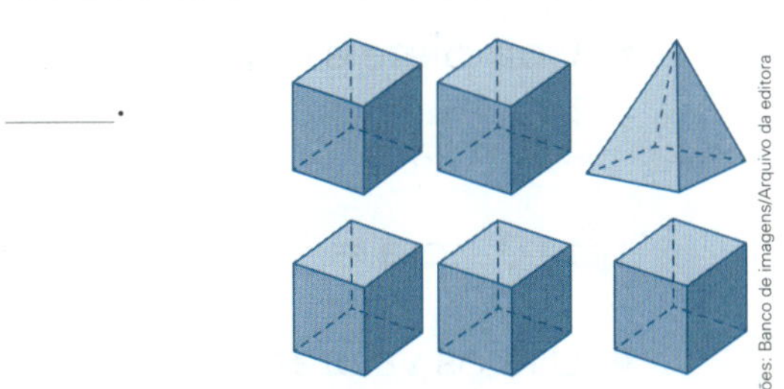

Ilustrações: Banco de imagens/Arquivo da editora

e) A parte pintada: _____.

f) As vogais entre estas letras: _____.

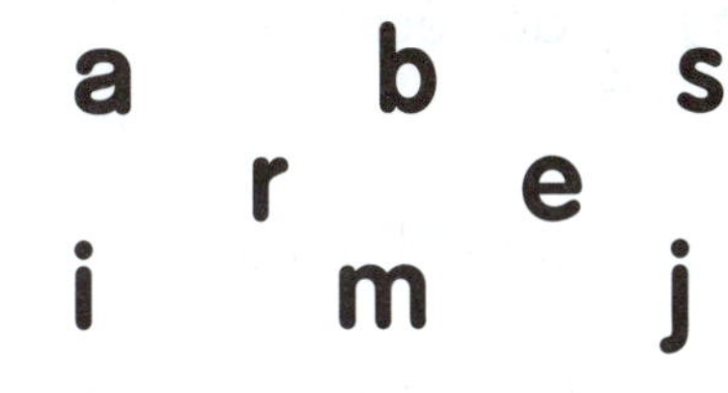

2 Pinte o que está indicado em cada item abaixo. Depois, escreva a fração correspondente às partes pintadas.

a) Quatro partes pintadas:

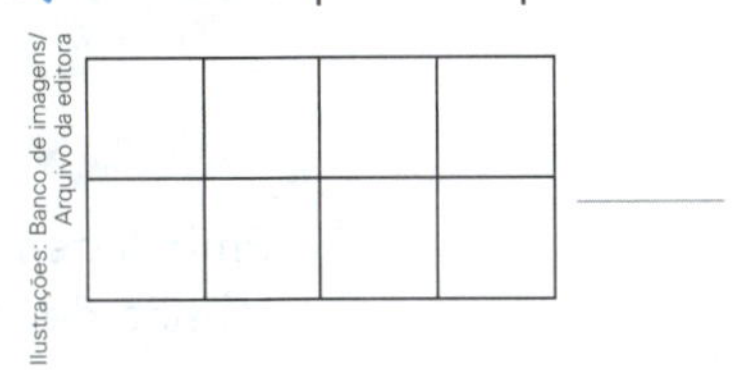

_____

Ilustrações: Banco de imagens/Arquivo da editora

b) Três partes pintadas:

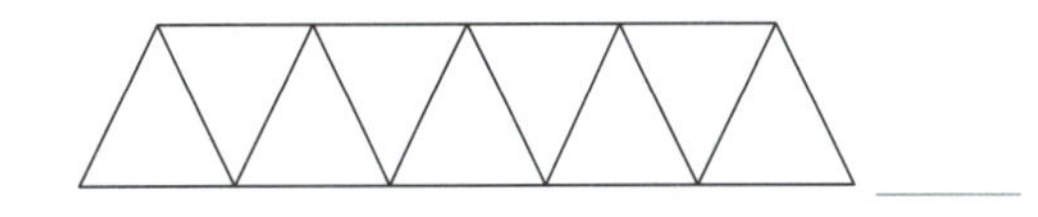

_____

3 Escreva a fração e sua leitura.

a) Numerador 2 e denominador 7: _____ (_____________________).

b) A fração do item **d** da atividade 1, acima: _____ (_____________________).

c) A fração do item **a** da atividade 2, acima: _____ (_____________________).

4 Determine o valor de:

a) $\frac{1}{3}$ de 21 = ______

b) $\frac{1}{5}$ de 45 = ______

c) $\frac{2}{3}$ de 18 = ______

d) $\frac{3}{4}$ de 16 = ______

e) $\frac{2}{5}$ de 50 = ______

f) $\frac{3}{7}$ de 28 = ______

5 **FRAÇÕES E MEDIDA DE INTERVALO DE TEMPO**

- Complete as igualdades.

a) 1 dia = ______ horas

b) 1 hora = ______ minutos

c) 1 ano = ______ meses

d) 1 século = ______ anos

- Use os valores acima para calcular e completar as igualdades.

a) $\frac{3}{4}$ da hora = ______ minutos

b) $\frac{1}{6}$ do ano = ______ meses

c) $\frac{2}{3}$ do dia = ______ horas

d) $\frac{1}{2}$ do século = ______ anos

e) Atenção! 5 meses = ______ do ano.

f) $\frac{3}{4}$ do ano = ______ meses

g) $\frac{2}{5}$ do século = ______ anos

h) $\frac{1}{3}$ do dia = ______ horas

i) $\frac{7}{12}$ da hora = ______ minutos

6 Marisa comprou 1 pacote com 500 gramas de farinha de trigo. Usou $\frac{1}{5}$ para fazer um bolo e $\frac{3}{20}$ para fazer uma torta. Quantos gramas de farinha sobraram?

____

M. Unal Ozmen/Shutterstock

Embalagem com farinha de trigo.

7 Indique a fração correspondente a cada ponto indicado com •.

8 FRAÇÕES E MEDIDA DE COMPRIMENTO

- Redução.

Mantenha a forma e as cores e reduza as medidas de comprimento a $\frac{2}{3}$ das da figura original.

Ilustrações: Banco de imagens/Arquivo da editora

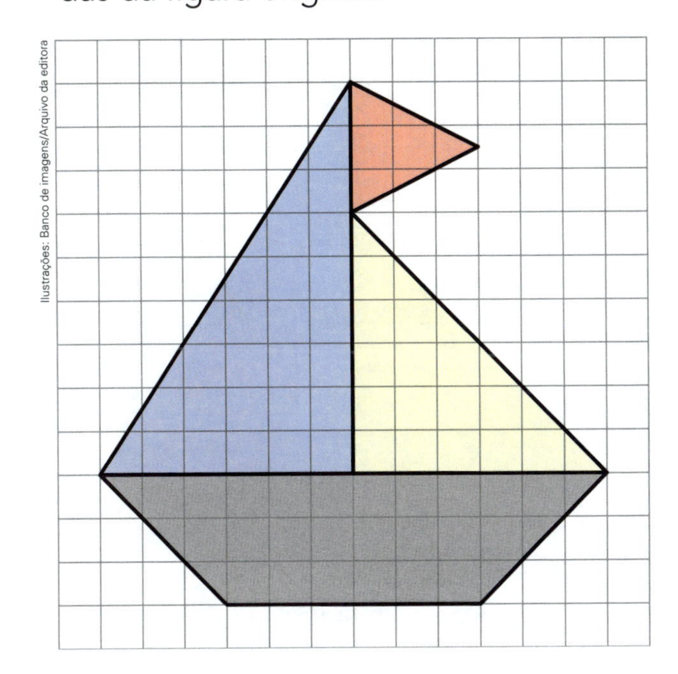

- Redução e ampliação.

A forma das figuras **A**, **B** e **C** deve ser a mesma.

a) Construa **B**, cujos comprimentos devem medir $\frac{1}{4}$ dos de **A**.

b) Construa **C**, cujos comprimentos devem medir o triplo dos de **B**.

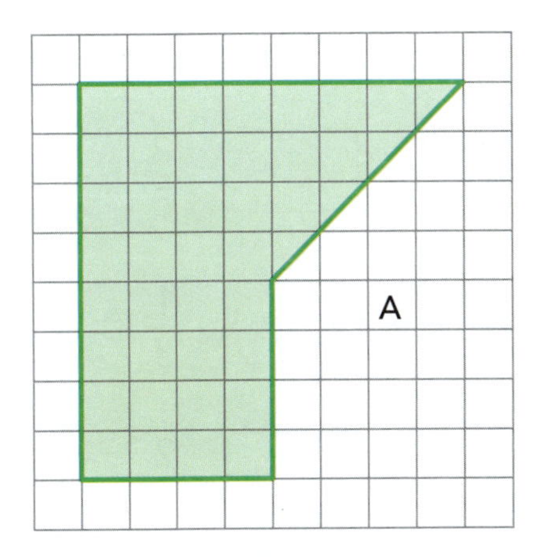

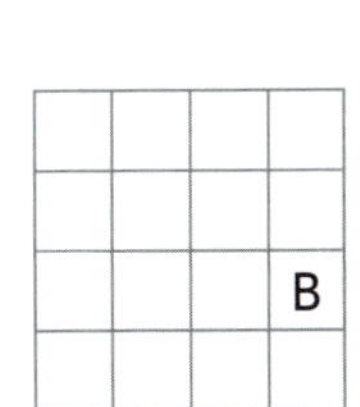

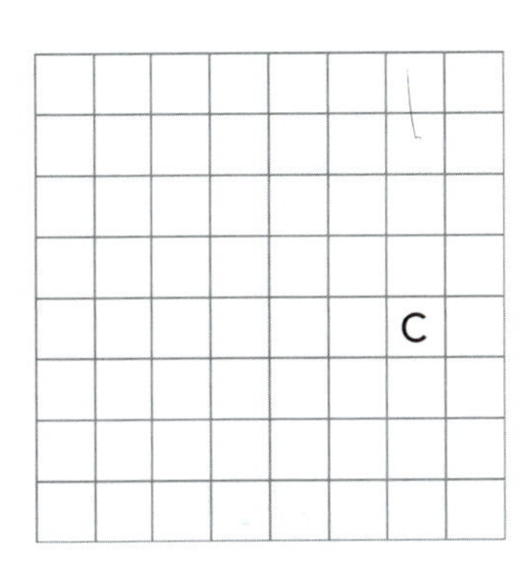

c) Agora, assinale a fração que indica as medidas de comprimento de **C** em relação às de **A**.

☐ $\frac{2}{3}$ 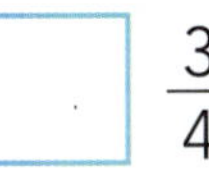 ☐ $\frac{3}{4}$ ☐ $\frac{1}{2}$

9 Em cada item, observe as figuras e escreva as duas frações correspondentes ao que está pintado.

Depois, compare as frações colocando >, < ou = entre elas.

a)

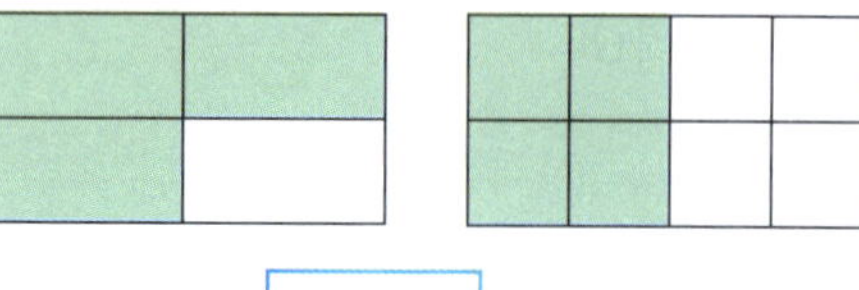

_____ ☐ _____

c)

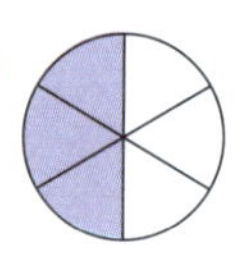

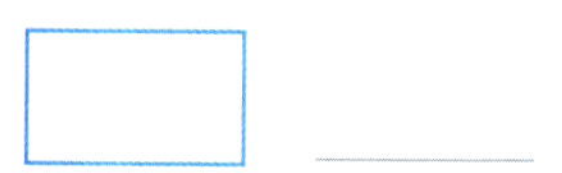

_____ ☐ _____

b)

_____ ☐ _____

d)

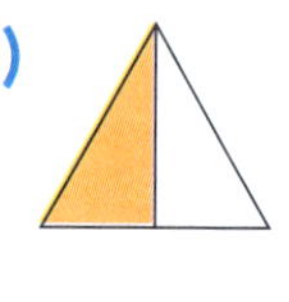

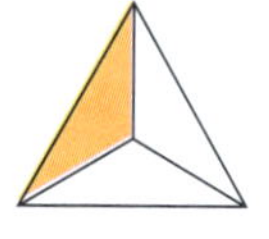

_____ ☐ _____

Ilustrações: Banco de imagens/Arquivo da editora

10 Calcule os valores considerando sempre 30 como total.

a) $\frac{1}{3}$ de 30 = _____

b) $\frac{3}{10}$ de 30 = _____

c) $\frac{3}{5}$ de 30 = _____

d) $\frac{2}{3}$ de 30 = _____

e) $\frac{4}{6}$ de 30 = _____

f) $\frac{5}{6}$ de 30 = _____

- Agora use os valores encontrados para comparar as frações, colocando >, < ou = entre elas.

a) $\frac{3}{5}$ ☐ $\frac{5}{6}$

b) $\frac{1}{3}$ ☐ $\frac{3}{10}$

c) $\frac{2}{3}$ ☐ $\frac{4}{6}$

d) $\frac{3}{10}$ ☐ $\frac{3}{5}$

e) $\frac{2}{3}$ ☐ $\frac{1}{3}$

f) $\frac{5}{6}$ ☐ $\frac{2}{3}$

- Finalmente, escreva as frações $\frac{3}{5}$, $\frac{3}{10}$, $\frac{2}{3}$ e $\frac{1}{3}$ na ordem crescente:

_____, _____, _____ e _____.

11 Pinte de azul os quadrinhos com frações que indicam a metade e pinte de marrom os com frações que indicam menos do que a metade.

$\frac{2}{4}$	$\frac{3}{8}$	$\frac{7}{10}$	$\frac{1}{6}$	
$\frac{3}{4}$	$\frac{5}{10}$	$\frac{1}{2}$	$\frac{5}{8}$	$\frac{2}{5}$

12 **CÁLCULO MENTAL**

Analise as frações com atenção e coloque >, < ou = entre elas.

a) $\frac{2}{7}$ ☐ $\frac{4}{7}$ c) $\frac{5}{6}$ ☐ $\frac{1}{2}$ e) $\frac{1}{4}$ ☐ $\frac{5}{8}$

b) $\frac{4}{8}$ ☐ $\frac{3}{6}$ d) $\frac{3}{10}$ ☐ $\frac{1}{10}$ f) $\frac{7}{9}$ ☐ $\frac{5}{9}$

13 Observe as frações em cada item e registre.

a) As frações $\frac{3}{7}, \frac{6}{7}, \frac{1}{7}$ e $\frac{4}{7}$ em ordem crescente:

______, ______, ______ e ______.

b) As frações $\frac{3}{8}, \frac{5}{6}, \frac{1}{8}$ e $\frac{2}{4}$ em ordem decrescente:

______, ______, ______ e ______.

14 Marcelo e Lívia tinham quantias iguais. Marcelo gastou $\frac{7}{9}$ do que tinha, e Lívia gastou $\frac{5}{6}$ do que tinha.

Qual dos dois gastou mais? ____________________

15 Observe a figura ao lado e complete com as frações correspondentes.

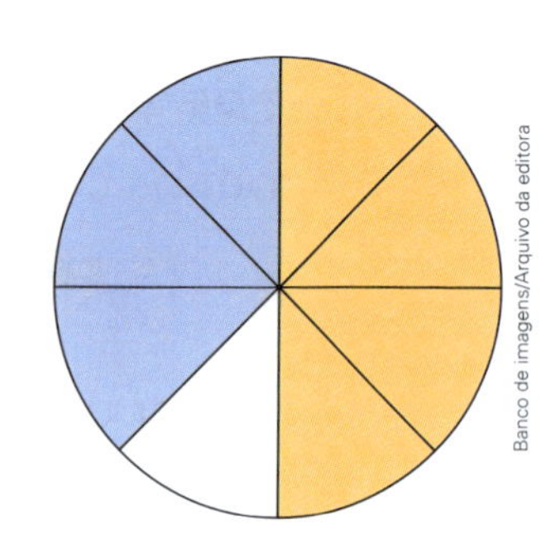
Banco de imagens/Arquivo da editora

a) Partes pintadas de azul: ______ do círculo.

b) Partes pintadas de laranja: ______ do círculo.

c) Parte total pintada: ______ do círculo.

d) Adição correspondente: ______ + ______ = ______.

e) Quanto as partes laranja têm a mais do que as azuis: ______ do círculo.

f) Subtração correspondente: ______ − ______ = ______.

16 Efetue as adições e subtrações das frações em relação à mesma unidade.

a) $\frac{2}{7} + \frac{3}{7} =$ ______

b) $\frac{9}{10} - \frac{2}{10} =$ ______

c) $\frac{5}{9} + \frac{3}{9} =$ ______

d) $1 - \frac{1}{4} =$ ______

e) $1 - \frac{2}{5} =$ ______

f) $\frac{1}{7} + \frac{2}{7} + \frac{3}{7} =$ ______

17 Calcule e complete com uma fração.

Africa Studio/Shutterstock

a) Anaelise leu $\frac{1}{5}$ de um livro de manhã e $\frac{2}{5}$ à tarde.

No total, ela leu ______ do livro.

b) Mário gastou $\frac{6}{7}$ do que tinha na compra de um livro e uma caneta.

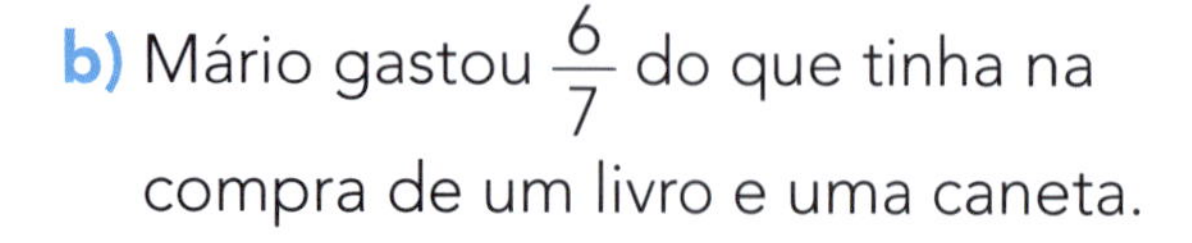

Se ele pagou $\frac{5}{7}$ do que tinha pelo livro, então ele gastou ______ do que tinha na caneta.

18 Veja os integrantes de uma equipe da classe de Ana.

Ivan	Ana	Artur	Paula	Eduardo

Ao sortear um dos integrantes dessa equipe, indique com uma fração:

a) a probabilidade de sair menino: ________.

b) a probabilidade de sair menina: ________.

c) a probabilidade de sair um nome que começa com uma vogal: ________.

d) a probabilidade de sair um nome que começa com a letra **P**: ________.

e) a probabilidade de sair o nome de um menino que começa com a letra **A**:

________.

19 **PINTAR E CALCULAR**

a) Pinte 100% da figura.

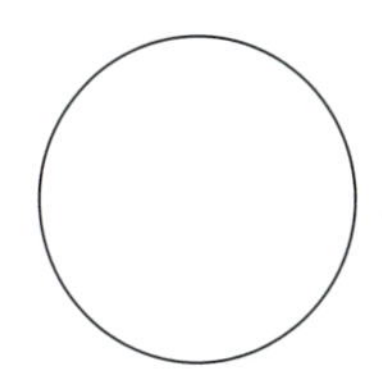

Ilustrações: Banco de imagens/Arquivo da editora

b) Pinte 50% da figura.

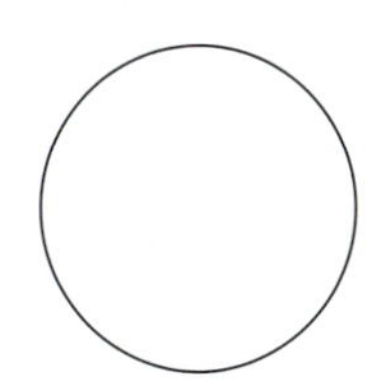

c) Pinte 25% da figura.

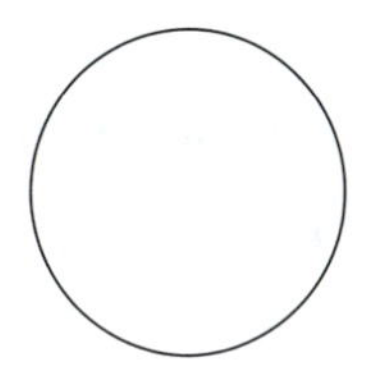

d) Raul tinha R$ 40,00 e gastou 100% do que tinha.

Raul gastou R$ ________.

e) Marisa tinha R$ 40,00 e gastou 50% do que tinha.

Marisa gastou R$ ________.

f) Sérgio tinha R$ 40,00 e gastou 25% do que tinha.

Sérgio gastou R$ ________.

20 Você sabia que Alagoas, Rio de Janeiro e Sergipe são os 3 menores estados do Brasil? Faça uma estimativa observando o mapa e discuta com um colega.

- Qual é o menor dos três?
- Qual é o maior dos três?

a) Veja nos quadros abaixo as medidas de área aproximadas dos três estados.

Faça o arredondamento dos 3 números para a unidade de milhar exata mais próxima e registre nos quadros do meio.

Mapa do Brasil – Unidades da Federação

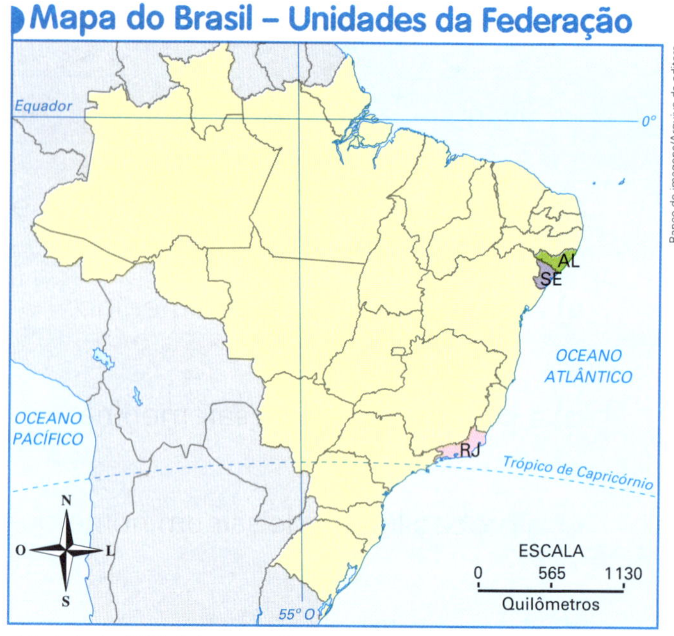

Adaptado de: IBGE. **Atlas geográfico escolar**. 6. ed. Rio de Janeiro: IBGE, 2012.

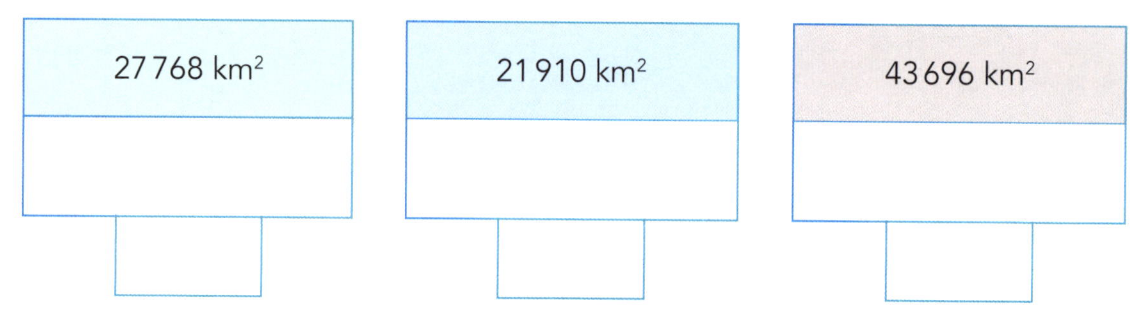

27 768 km²	21 910 km²	43 696 km²

b) Com os números arredondados e as informações abaixo você vai descobrir o estado correspondente a cada medida de área. Escreva a sigla dos estados (AL, RJ ou SE) nos quadros do item **a**.

AL → A medida de área de Alagoas, em quilômetros quadrados, é dada por um número entre 25 000 e 30 000.

RJ → A medida de área do Rio de Janeiro tem 16 000 km² a mais do que a de Alagoas.

SE → A medida de área de Sergipe corresponde a $\frac{1}{2}$ da medida de área do Rio de Janeiro.

c) Finalmente, escreva as 3 medidas de área dos quadros coloridos em ordem decrescente e o nome do estado correspondente a cada uma.

________________, ________________ e ________________.

21 Complete as igualdades. Lembre-se de que o litro (L) e o mililitro (mL) são unidades de medida de capacidade.

a) $\frac{1}{2}$ L = _____ mL

b) 0,2 L = 200 mL, ou _____ de 1000 mL

c) 2 L e 50 mL = _____ mL

d) 4000 mL = _____ L

e) 1250 mL = _____ L e _____ mL

f) $\frac{3}{4}$ L = _____ mL

22 Todas as vasilhas desenhadas abaixo têm capacidade total de 1 litro (1 L). Represente com uma fração de litro e, em seguida, escreva quantos mililitros (mL) de água há em cada uma.

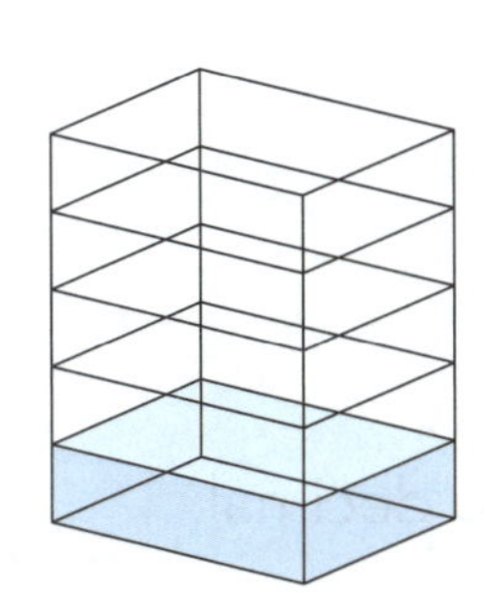

_____ L: _____

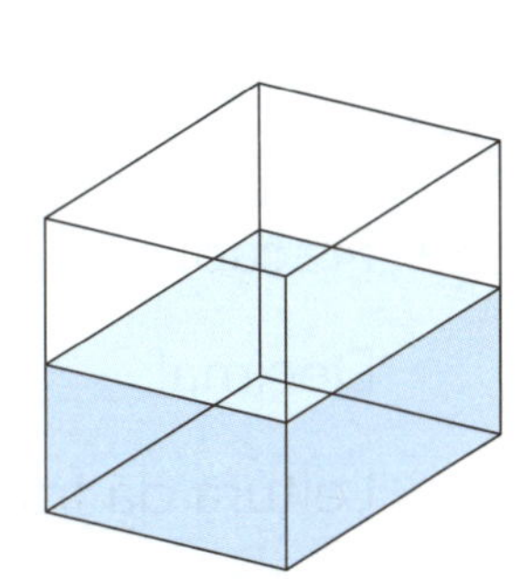

_____ L: _____

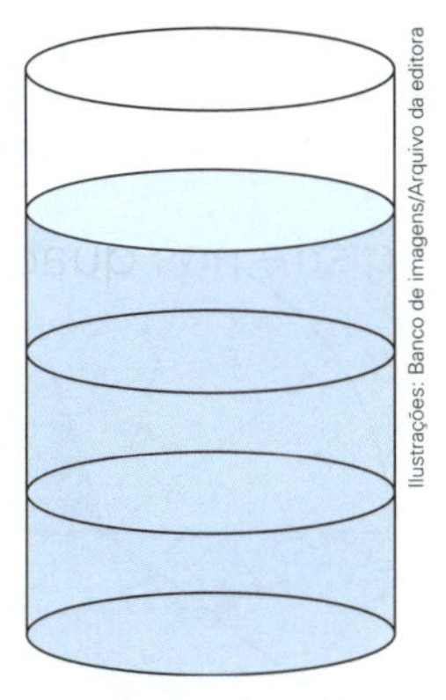

_____ L: _____

Ilustrações: Banco de imagens/Arquivo da editora

23 Com $\frac{1}{2}$ litro de água despejado em um vasilhame, o nível da água chegou a $\frac{1}{4}$ do vasilhame, como mostra a figura ao lado.

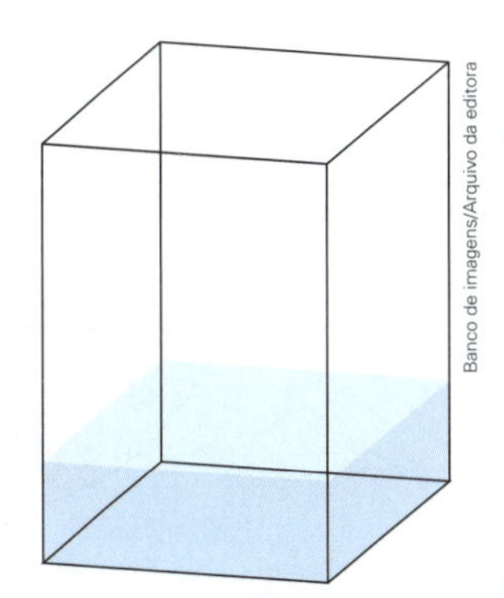

Banco de imagens/Arquivo da editora

Agora responda às questões abaixo.

a) Quanto de água ainda é preciso despejar para encher o vasilhame? _______________

b) Qual é a capacidade total do vasilhame? _______________

Unidade 9

Decimais

1 Considere um círculo como unidade e represente as partes pintadas na forma indicada. Escreva também como é a leitura do que é pedido.

Ilustrações: Banco de imagens/Arquivo da editora

a)

- Fração: ______.
- Decimal: ______.
- Leitura da fração e do decimal:

______________________________________.

b)

- Fração: ______.
- Decimal: ______.
- Leitura da fração e do decimal:

______________________________________.

c)

- Número misto: ______.
- Fração: ______.
- Decimal: ______.
- Leitura do número misto e do decimal:

____

______________________________.

2 FRAÇÕES, DECIMAIS E MEDIDAS

Calcule e complete.

a) 0,3 cm = ________ mm

b) $\frac{1}{4}$ h = ________ minutos

c) 0,5 hora = ________ minutos

d) 1,5 tonelada = ________ kg

e) 0,5 ano = ________ meses

f) 0,6 século = ________ anos

3

Considere a região retangular como unidade e represente as partes pintadas na forma solicitada. Depois, escreva como se lê o que é pedido.

a) 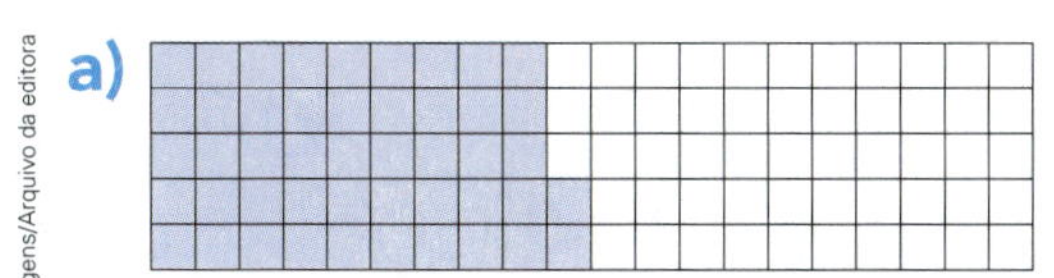

- Fração: ________.
- Decimal: ________.
- Leitura da fração e do decimal:

____.

b) 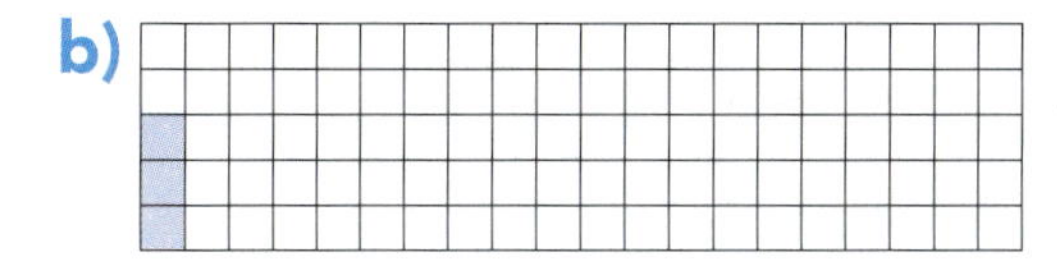

- Fração: ________.
- Decimal: ________.
- Leitura da fração e do decimal:

____.

c) 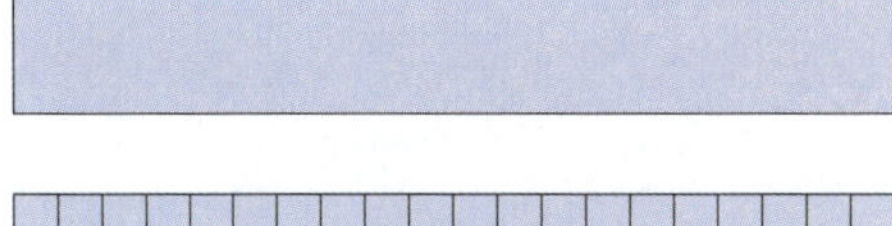

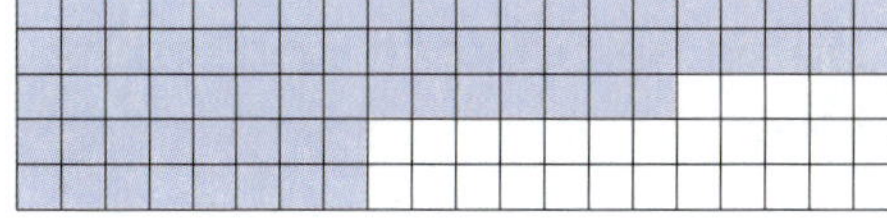

- Número misto: ________.
- Fração: ________________________.
- Decimal: ________.
- Leitura do número misto e do decimal:

____

____.

4 NÚMEROS NA FORMA DECIMAL NO SISTEMA DE NUMERAÇÃO DECIMAL

Veja o valor posicional de cada algarismo no número 3,48.

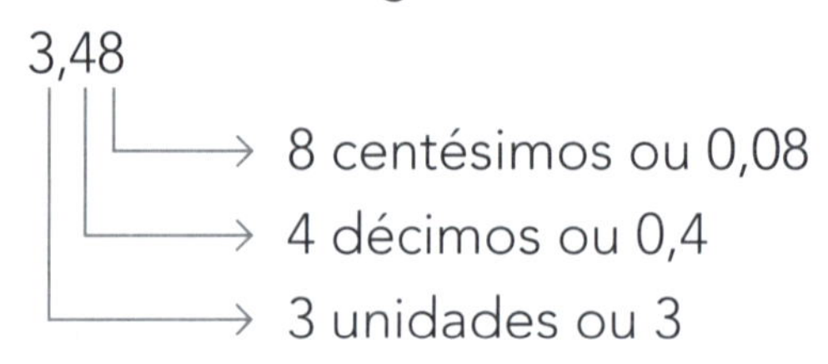

Faça o mesmo com os 2 decimais abaixo.

a) 125,6

b) 88,17

5

Copie os 3 decimais da atividade anterior e escreva como é a leitura de cada um.

- ________ → ______________________________
- ________ → ______________________________
- ________ → ______________________________

6

O número 3,48 também pode ser lido assim:

3,48: três inteiros, quatro décimos e oito centésimos.

E decomposto assim: 3,48 = 3 + 0,4 + 0,08.

Faça esse tipo de leitura e a decomposição do número 88,17.

- Leitura: 88,17 → ______________________________
- Decomposição: 88,17 = ________ + ________ + ________ + ________

7 DECIMAIS NA RETA NUMERADA

Observe os decimais e coloque cada um deles na posição correta na reta numerada.

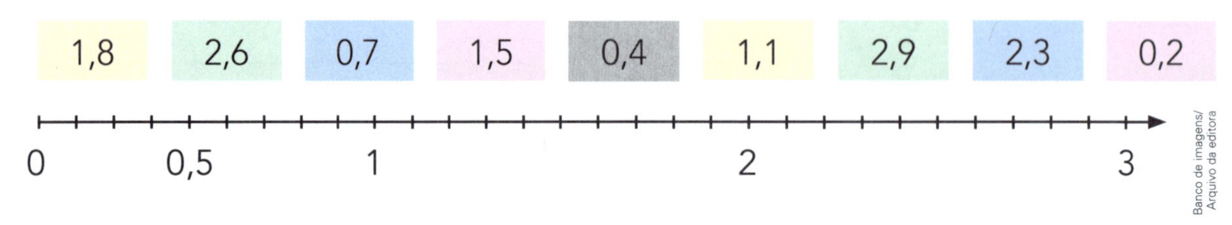

Banco de imagens/ Arquivo da editora

8 CÁLCULO MENTAL

Escreva o decimal correspondente em cada item.

a) $0{,}03 + 0{,}4 =$ ________

b) $2{,}75 + 1 =$ ________

c) $2{,}75 + 0{,}1 =$ ________

d) $2{,}75 + 0{,}01 =$ ________

e) $8 + 0{,}4 + 0{,}09 =$ ________

f) $3 \times 0{,}2 =$ ________

g) $3 \times 0{,}02 =$ ________

h) $4{,}98 - 0{,}3 =$ ________

i) $4{,}98 - 3 =$ ________

j) $4{,}98 - 0{,}03 =$ ________

9 MAIS CÁLCULO MENTAL

Calcule mentalmente e registre.

a) Juntando R$ 7,95 com R$ 0,05, obtemos R$ ________.

b) Partindo de 3,45, faltam ________ para chegarmos a 3,85.

c) R$ 5,00 tem R$ ________ a mais do que R$ 3,50.

d) Pedrinho pesava 38,5 kg e engordou 1,3 kg.

Agora ele pesa ________ kg.

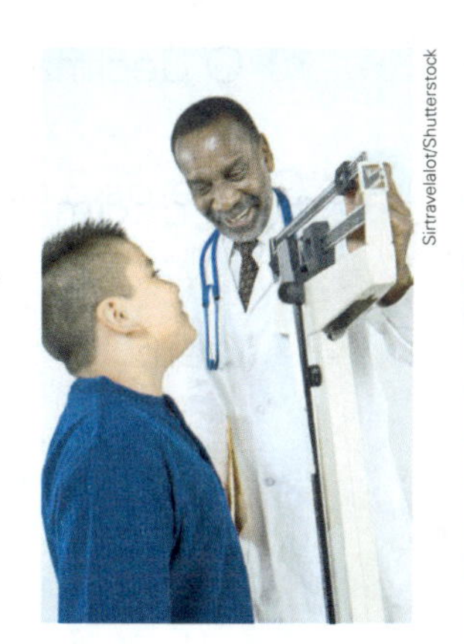

Sirtravelalot/Shutterstock

10 Escreva o decimal correspondente.

a) Doze inteiros e vinte e seis centésimos ⟶ ________

b) $2\,000 + 900 + 60 + 5 + 0{,}4 + 0{,}07 \longrightarrow$ ________

c) Quatro inteiros e oito centésimos ⟶ ________

d) Sete inteiros, quatro décimos e um centésimo ⟶ ________

e) $4 + \frac{7}{10} + \frac{3}{100} \longrightarrow$ ________

f) $8 + \frac{3}{10} + \frac{3}{100} \longrightarrow$ ________

g) $47 + \frac{5}{10} + \frac{9}{100} \longrightarrow$ ________

11 Pinte os 2 quadrinhos que contêm decimais de mesmo valor.

4,0	0,4	0,04	0,40

- Agora, escreva a igualdade: ________ = ________.

12 **FORMAS DE REPRESENTAR A METADE DE UM TODO**

Complete com o que falta para representar a metade de um todo.

a) A fração $\frac{\square}{2}$.

b) A fração $\frac{2}{\square}$.

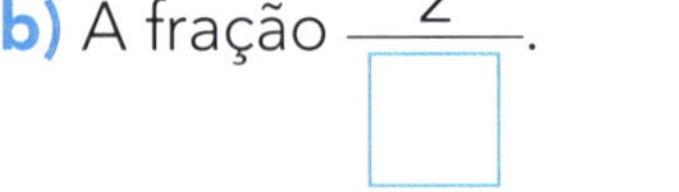

c) O decimal ________, ________.

d) O decimal ________, ________ ________.

e) 6 em ________.

f) ________%

g) ________ em 6.

h) A fração $\frac{\square}{10}$.

i)

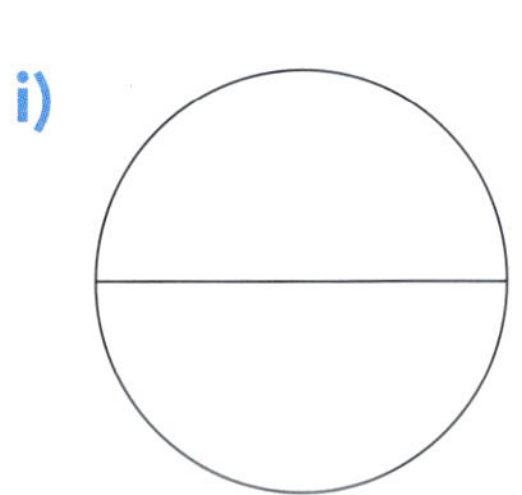

j)

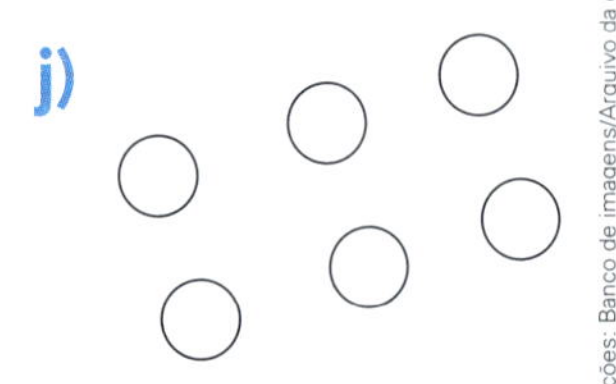

k)

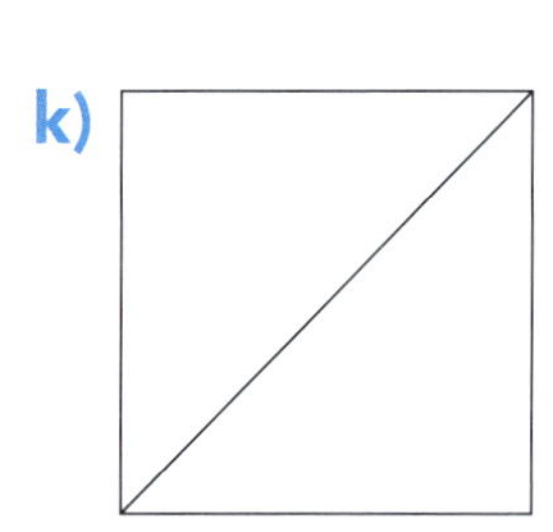

Ilustrações: Banco de imagens/Arquivo da editora

13 Compare os números abaixo, colocando >, < ou = nos quadrinhos.

a) $\frac{1}{2}$ ☐ 0,5

b) 3,47 ☐ 4

c) 2,6 ☐ 2,60

d) 1,34 ☐ 1,6

e) 12,8 ☐ 8,12

f) 5,34 ☐ 5,43

g) 0,7 ☐ 0,07

h) 7,0 ☐ 7,00

14 Escreva os números 5,81, 0,95, 8 e 5,9 na ordem crescente:

________, ________, ________ e ________.

15 ADIÇÃO E SUBTRAÇÃO COM DECIMAIS

Efetue os cálculos pelo algoritmo usual e registre os resultados.

a) 3,72 + 14,3 = ________

b) 9,58 − 1,3 = ________

c) 2,7 − 1,9 = ________

d) 4,33 + 5,67 = ________

e) 9,4 − 0,94 = ________

f) R$ 28,25 + R$ 6,45 = ________

g) 6,3 + 14,45 + 0,8 = ________

h) 15 − 3,7 = ________

16 Caio comprou um lanche por R$ 5,75 e um suco por R$ 2,65. Deu R$ 10,00 para pagar. Quanto recebeu de troco? ________

17 Veja a capacidade de cada um dos recipientes abaixo.

a) Enchendo os 3 de água e despejando em um recipiente vazio, teremos mais ou menos do que 8 litros? ________________________

b) Quanto de água faltará ou sobrará? ________________________

18 CALCULADORA

O número de segundos em 1 dia está mais próximo de 180 000, 90 000, 60 000 ou 9 000? Use a calculadora e descubra o valor exato. ________________

19 ESTIMATIVAS E CALCULADORA

Em cada item, faça uma estimativa do número que vai aparecer no visor da calculadora se forem apertadas as teclas na ordem indicada. Depois confira usando uma calculadora.

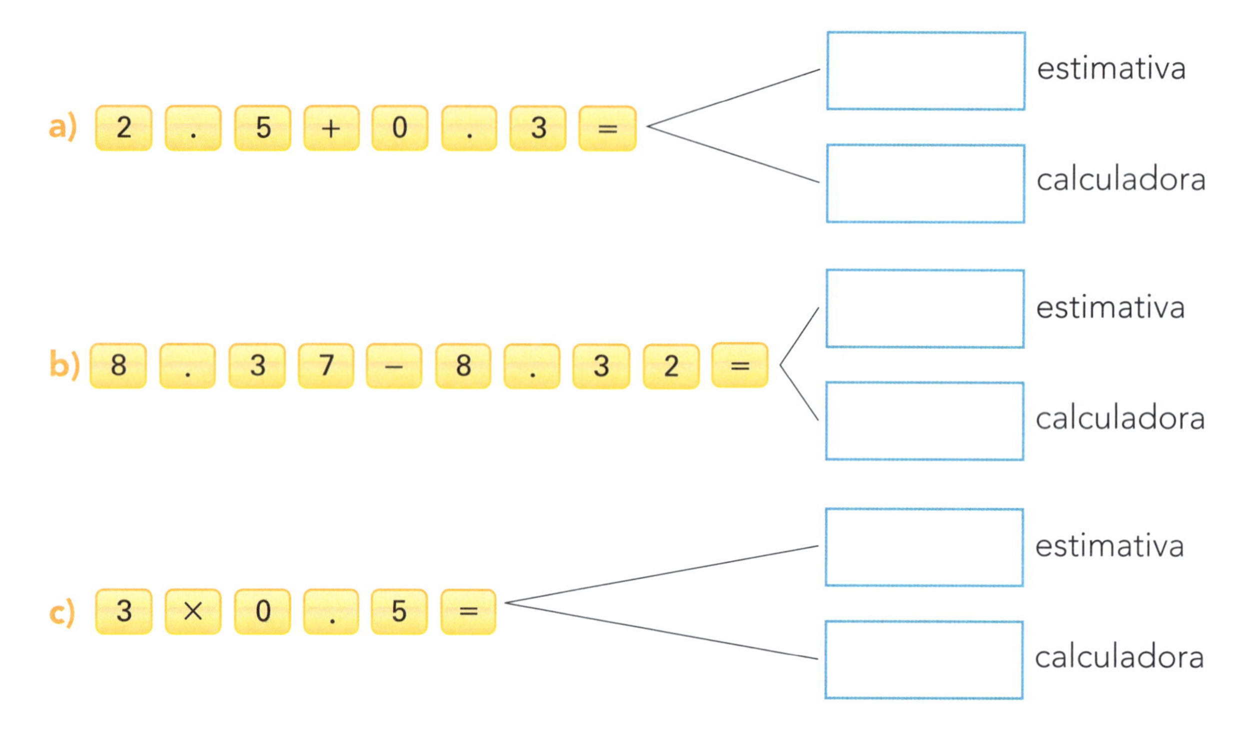

As imagens não estão representadas em proporção.

20 CALCULADORA

Veja o preço das flores ao lado.
Usando uma calculadora, descubra os valores dos itens abaixo e registre.

a) Paulo comprou 1 vaso de gérberas e 1 vaso de violetas.
Gastou ________.

b) Míriam comprou violetas e gastou R$ 6,00.
Comprou ________ vasos.

c) Leo comprou 3 vasos de violetas.
Gastou ________.

d) Leo pagou sua compra com R$ 5,00.
Seu troco foi de ________.

21 O gráfico abaixo mostra a variação de temperatura em um dia de inverno na cidade onde Vinícius mora.

- Dê um título a esse gráfico e escreva-o abaixo.

____

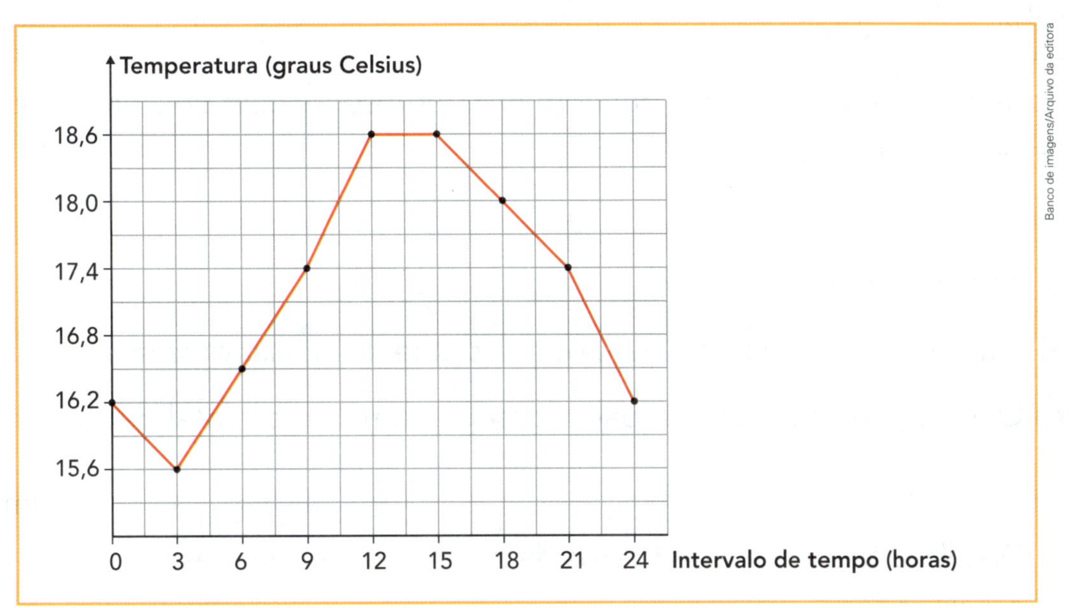

Gráfico elaborado para fins didáticos.

- Analise o gráfico e responda.

a) O que está registrado no eixo horizontal (⟶)? _______________

____

b) O que está registrado no eixo vertical (↑)? _______________

____

c) Qual foi a temperatura registrada às 6 horas? _______________

d) Qual foi a temperatura mínima registrada no dia? _______________

A que horas ela foi registrada? _______________

e) Das 15 horas às 18 horas a temperatura aumentou ou diminuiu?

Em quantos graus? _______________

____

f) Em que período do dia a temperatura ficou estável? _______________

____

22 Observe o "peso" das peças desenhadas abaixo.

Considere como unidade o quilograma e represente com decimais a massa de cada uma das peças.

____

- Agora, responda:

a) Qual é o "peso" máximo que podemos obter com duas dessas peças? _______

b) Que peças devemos usar para conseguir um "peso" total de 1 kg?

____

c) Distribua as 5 peças nos pratos da balança para que eles fiquem equilibrados.

23 Complete.

a) 750 g para chegar a 1 kg faltam _______ g.

b) $1\frac{1}{2}$ tonelada corresponde a _______ kg.

c) 0,9 kg = _______ g.

d) 0,5 t + 200 kg + 7000 g = _______ kg.

e) A quinta parte de 3 kg corresponde a _______ g.